패션,
음악영화를
노래하다

패션,

영화를 디자인하다

진경옥 지음

산지니

책을 펴내며

20세기 이후, 대중문화의 두 축인 패션과 영화는 서로에게 중요한 지지자 역할을 하고 있다. 1927년 최초로 유성영화가 등장한 후, 본격적인 발전을 이루게 된 영화는 1930년대 대중문화의 중심이 되었고 당대 관객의 꿈을 실현하는 꿈의 궁전 역할을 했다. 이 시기 영화는 대중에게 생각하는 법, 사랑하는 법, 옷 입는 법을 가르치는 선생님이었고 관객들은 영화배우들의 행동이나 모습을 모방했다. 영화 속 배우의 이미지가 유행을 만드는 구심점이 되었던 것이다. 트렌치코트, 라이더재킷, 청바지, 맘보바지, 블랙 심플드레스, 납작한 구두, 스틸레토 하이힐, 티셔츠 등 우리가 편하게 입고 있는 대부분의 의상 아이템들이 영화를 통해 선보였고 영화를 통해 퍼져나갔다.

그런데 20세기 후반에 이르러서 패션의 유행 선도는 영화배우뿐 아니라 다른 영역에 종사하는 셀러브리티로 그 범위가 확장되고 있다. 이 중에서 가장 큰 영향력을 가진 셀럽은 뮤지션들이다. 이제 음악과 패션을 분리하는 것은 영화와 패션을 분리하는 것만큼 거의 불가능해졌다. 특히 대중음악과 패션은 뗄 수 없는 관계다. 음악이 귀로 듣는 것을 넘어, 보고 즐기는 것으로 진화하면서 뮤지션은 자신의 음악이 발전하는 만큼 그에 맞추어 외모와 스타일을 바꾸어 나갈 수밖에 없게 되었다. 이런 뮤지션의 패션은 음악을 사랑하든 그렇지 않든 대중에게 커다란 영향을 미치고 있다. 특히 패셔니스타로 손꼽히는 뮤지션은 음악은 물론이고 패션스타일로도 유행을 선도한다. 뮤지션이 패션을 통해 자신의 음악세계를 승화시킴에 따라 패션디자이너들은 대중에게 막대한 파급력을 미치는 대중 뮤지션을 통해 그들의 패션을 집약적으로 발전시키게 되었다. 즉 음악과 패션이 만나 서로에게 특별한 시너지 효과가 탄생한 것이다.

따지고 보면 현대 패션에서 세계적으로 유행하는 펑크, 글램, 그런지, 힙합스타일은 모두 음악에 뿌리를 두고 있다. 처음 자신의 음악세계에 패션을 영리하게 활용한 뮤지션은 비틀즈다. 1960년대 대중문화가 확산되고 팝송 붐이 일자 청년들은 청년문화의 아이콘 비틀즈가 선보인 '모즈 룩'에 열광했다. 비틀즈의 매니저이자 스타일리스트였던 브라이언 엡스타인은 비틀즈가 음악밴드로서 더 프로다운 모습을 갖추기 위해서는 의상을 통한 밴드 이미지를 만드는 게 급선무라고 생각했고 비틀즈의 대표 스타일인 바가지머리에 말쑥한 신사복 차림을 한 '모즈 스타일'을 탄생시켰다. 수많은 따라쟁이들이 비틀즈의 스키니 슈트, 굽이 약간 높은 비틀 부츠와 그들의 상징인 바가지머리 스타일을 모방했다. 비틀즈 네 명은 음반뿐 아니라 패션사에 족적을 남긴 패션 트렌드까지 팔았던 것이다. 비틀즈 이후에 자신의 음악성을 강조하기 위해 성공적으로 패션을 사용한 인물로 데이비드 보위가 꼽힌다. 그는 퇴폐미와 신비한 분위기를 콘셉트로 내세운 '글램 록 패션'으로 자신의 음악적 색깔을 대중에게 알리고 음악과 패션이 하나임을 보여준 로커다. 그 외에도 '펑크 패션'을 사랑한 섹스 피스톨즈, 마돈나, 수지 수, 마크 론슨을 비롯한 수많은 록 스타, '히피 패션'의 유행을 이끈 짐 모리슨, 지미 헨드릭스, 재니스 조플린, 산타나, 핑크 플로이드, '그런지 패션'의 커트 코베인과 마돈나, 그리고 패션과 가수의 협업 체계에 불을 지핀 레이디 가가 등 수많은 뮤지션들이 현대 패션의 유행을 견인하고 있다.

현재, 패션의 중요한 키워드는 '힙합'이다. 힙합 패션이 길거리 패션을 장악하자 예술 사조, 건축 양식, 선대 예술가에게서 영감을 얻던 디자이너들은 길거리와 대중에 눈을 돌리기 시작했다. 대중들은 하이엔드 패션 대신, 당장 쉽게 입을 수 있는 옷에 더 열광하기 시작했다. 이른바 스트리트 패션이다. 리한나, 카니예 웨스트, 트래비스 스캇, 릴 야티, 플레이보이 카티, 에이셉 라키 등이 스트리트 패션을 주도하는 힙합 패셔니스타다.

노티카, 아디다스, 나이키, 알렉산더 왕, 헬무트 랭, 루이비통, 캘빈 클라인, 라프 시몬스, 펜디, 버버리, 구찌, 릭 오웬스 등 세계적 디자이너 브랜드는 이들과 컬래버레이션을 통해 자신들의 패션을 약삭빠르게 홍보하고 있다. 소셜 네트워크 서비스(SNS)에서는 그들이 입은 옷이 바로 공개되고 매출로 이어진다. 그 파급력은 과거 어떤 패션트렌드와도 비교가 안 된다. 힙합은 몰라도 힙합 패션은 따라 하는 수많은 젊은이들이 생겨난 것이다. 그리고 이 젊은이들의 패션은 중장년층에게도 영향을 미친다.

『패션, 음악영화를 노래하다』는 스타일링의 요람으로서 영화와 음악과 패션의 관계를 풀어낸 책이다. 음악영화는 음악을 주요소로 하는 영화로서 음악가의 다큐멘터리 영화이거나 대사나 상황이 음악으로 대체되는 영화를 일컫는다. 다시 말해서 영화를 통해 음악을 표현한 것이 음악영화다. 영화에는 스타일이 녹아 있고 뮤지션의 음악은 스타일로 승화된다. 스타일의 교과서 역할을 해온 영화, 그중에서도 음악영화에서 보여주는 뮤지션의 패션은 어떤 모습일까?

정말 좋은 음악영화가 많지만 이번 책은 음악영화 중에서도 패션 트렌드에 영향을 끼친 뮤지션과 패션이 스타일리시한 영화를 중심으로 영화 속 뮤지션의 패션을 '록, 힙합, 밴드', '팝과 재즈', '클래식', '뮤지컬'의 장르로 나누어 구성해보았다. 이 책을 통해서 대중문화의 세 축인 음악과 패션과 영화가 얼마나 근사하게 서로의 미적 가치를 극대화시키고 현대문화에 녹아 있는지 여러분과 함께 살펴보고자 한다.

CONTENTS

1장
록, 힙합, 밴드 뮤지션의
내 멋대로 패션

나는 록 스타가 되지 않을 것이다, 나는 전설이 될 것이다

 보헤미안 랩소디 Bohemian Rhapsody, 2018

2018년 한 해가 저물면서 한국에 대단한 일이 벌어졌다. 음악영화 〈보헤미안 랩소디〉 열풍이다. 영국의 싱어송라이터이자 그룹 퀸 Queen의 리드 보컬인 프레디 머큐리Freddie Mercury가 생전에 꿈꾸던, 퀸 밴드를 담은 영화다.

ⓒ 라미 말렉이 입은 프레디 머큐리의 1985년 라이브 에이드 무대의상

사람들은 영화의 천만 관객 동원은 신의 영역이라고 말한다. 그 신의 영역에 한화 약 580억 원의 제작비로 할리우드 영화치고는

저예산으로 제작한 음악영화가 등극했다. 한국 영화시장에서 음악영화는 무조건 흥행에 성공한다는 '음악영화 불패론'을 다시 한번 입증한 셈인데 〈보헤미안 랩소디〉는 이와 같은 일반론을 훨씬 뛰어넘는 흥행 결과인 995만 관객 수를 달성했다. 한국에서 이토록 〈보헤미안 랩소디〉가 인기를 끈 것에 대해 영화계에선 기적이라는 말까지 나왔다. 20세기 폭스 영화사가 희망했던 〈보헤미안 랩소디〉의 한국 관객 수의 목표는 150만 명 정도였다고 한다. 퀸을 잘 아는 기성세대들과 힙합이 주류 음악인 시대에 살고 있는 신세대들을 골고루 아울러 흥행에 성공한 이 영화는 '싱어롱 관람'이라는 트렌드까지 만들었다. 한국의 〈보헤미안 랩소디〉는 퀸의 본고장이자 개봉국인 영국의 매출액까지 제쳤다. 가장 큰 영화시장인 북미시장에 이어 두 번째 흥행 기록이라 하니 그야말로 한국인의 국민적 감수성에 불을 지핀 영화가 아닌가 싶다.

1970년대부터 80년대에 이르기까지 하드 록, 헤비메탈, 글램 록, 펑크 록 등의 록 음악은 다양한 모습으로 대중들에게 나타났다. 이 시기에 맞춰 등장한 네 명의 퀸 밴드, 리드 보컬 프레디 머큐리Freddie Mercury, 리드 기타 브라이언 메이Brian May, 드럼 로저 테일러Roger Taylor와 베이시스트 존 디콘John Deacon은 환상적인 시너지를 보여주면서 록의 잠재력을 무한대로 끌어올렸다. 이들은 하드 록, 헤비메탈, 프로그레시브 록, 글램 록의 경계를 넘나들었고, 심지어 록 오페라에까지 영역을 넓혔다.

〈보헤미안 랩소디〉, 2019년 아카데미 4관왕 달성

영화는 브라이언 싱어Bryan Singer 감독이 메가폰을 잡아, 영국의 아웃사이더 청년들로서 전 세계를 음악으로 지배한 퀸 밴드의 독창적인 음악과 화려한 무대 그리고 그들의 드라마틱한 삶과 정신을 전반적으로 재조명했다.

퀸의 소리, 영혼, 스타일을 담은 OST와 싱크로율 높은 배우들의 완벽한 조합, 탄탄한 스토리는 퀸 오디오 녹음 원본부터 콘서트 티켓, 투어용 티셔츠, 퀸 멤버들이 손으로 휘갈겨 쓴 가사까지 퀸과 관련된 모든 자료를 보관한 기록 보관 전문가 그렉 브룩스Greg Brooks에게 자문을 받아 사실감을 높여 완벽하게 재현했다. 제작진은 관객을 감동의 도가니로 몰아넣었던 1985년 아프리카 기아 기금 콘서트 '라이브 에이드'의 웸블리 스타디움 장면을 위해서 영국에 있는 보딩턴 비행장 활주로에 5.5미터 높이의 플랫폼을 제작하고 백 스테이지를 덮는 텐트도 제작해 세트장을 만들었다. 실제 1985년 라이브 에이드 무대를 제작한 팀들이 영화 속 무대재현에 합류해서 사실감을 높였다.

이런 노력의 결과로 〈보헤미안 랩소디〉는 할리우드 외신기자협회가 주관하는 제76회 골든 글로브 시상식에서 작품상과 남우주연상을 받았으며, 제91회 아카데미 시상식에서 남우주연상, 편집상, 음향 믹싱상, 음향 편집상을 수상해 4관왕을 달성했다.

세계에서 가장 많이 재생된 20세기 록 음악

영화의 제목이기도 한 노래 '보헤미안 랩소디'는 세계에서 가장 많이 재생된 20세기 록 음악으로 뽑혔다. 아카펠라, 발라드, 록과 오페라, 헤비메탈이 이루는 환희에 찬 광기와 천재적 감수성과 상상력이 뒤죽박죽된 6분간의 광란의 축제 음악이다.

2019년 아카데미 시상식에서 윌렘 데포Willem Dafoe, 브래들리 쿠퍼Bradley Cooper 등 쟁쟁한 후보들을 제치고 남우주연상 수상자로 이름을 올린 프레디 머큐리 역의 라미 말렉Rami Malek은 넘치는 에너지로 프레디 머큐리의 강력한 무대를 재현해냈다. 턱선이 프레

디와 비슷해서 영화에 캐스팅된 라미 말렉은 다른 사람보다 4개가 더 많은 프레디의 치아를 연출하기 위해서 인공 치아를 장착했다. 연기 행동코치인 폴리 베넷Polly Bennett은 프레디 머큐리뿐 아니라 미국 최고의 기타 연주자 지미 헨드릭스Jimi Hendrix, 대중음악 역사상 가장 위대한 가수 100명 중 1위로 선정된 바 있는 소울의 여왕 아레사 프랭클린Aretha Franklin, 영화 〈캬바레〉에서 아카데미 여우주연상을 받은 배우이자 가수인 라이자 미넬리Liza Minnelli, 비틀즈 이후 역사상 가장 위대한 록 스타라고 불리는 데이비드 보위David Bowie 등의 무대 위 행동을 참고해서 프레디 머큐리의 모습을 완성했다.

영화에서 프레디의 노래는 프레디의 실제 목소리뿐 아니라 프레디 목소리와 닮은 캐나다 가수 마크 바텔Mark Bartel과 라미 말렉 자신의 목소리를 함께 녹음해서 관객이 느끼는 강렬하고 완벽한 소리를 만들어냈다.

영화는 음악 외에도 촬영, 미술, 의상이 매우 훌륭하다. 직관적인 사고를 가진 것으로 유명한 베테랑 미술감독 아론 헤이Aaron Haye는 영화의 미적 요소로 색상을 가장 염두에 두었다. 이것은 의상 팀도 같은 의견이었기 때문에 미술 팀과 의상 팀이 각각 컬러 팔레트를 생각한 후 의견을 모았다. 두 팀은 각각 50, 60, 70, 80년

◎ 아카데미와
골든글로브 남우주연상
2관왕 라미 말렉

◎ 1984년 퀸 밴드.
좌로부터 존 디콘,
프레디 머큐리,
브라이언 메이,
로저 테일러

대 색상 팔레트를 뽑아냈다. 60년대는 반짝이는 색상이 유행했지만 70년대가 되면서 색상이 더욱 야해지고 밝아졌다. 80년대가 되면서는 네온 색상이 더욱 강하게 부각됐다. 이에 따라 70년대 당시 사람들이 선호했던 그린, 오렌지, 옐로우 색상으로 부엌을 장식했고, 히피 시대의 브라운 톤과 80년대의 네온 컬러가 배경 색상으로 채택되었다.

프레디 머큐리, 자신의 음악 콘서트를 '패션쇼'라고 외치다

이전까지 뮤지션들에게 특별한 의미가 부여되지 않았던 의상은 글램 록커가 등장한 1970년대부터 음악과 하나가 되었다. 패션이 록 음악에 정체성을 부여하는 요소로 작용하게 된 데는 프레디 머큐리가 커다란 영향을 끼쳤다. 음악과 마찬가지로 그는 패션에 있어서도 규칙과 일상적 사고를 깬 진정한 챔피언이고 예지자요 프론티어였다. 쇼맨십과 음악적 능력, 글래머러스 패션의 3박자를 갖춘, 진정한 쇼맨이었던 그는 시대를 초월한 20세기 패션 아이콘이다. 그는 패션을 추구하고 따르는 사람이 아니라 패션을 창조하고 유행을 선도하는 사람이었다.

불가사의한 퀸 밴드를 설명하는 데는 의상이 한몫한다. 대학에서 예술과 디자인을 전공한 프레디 머큐리는 무대에서 패션이 얼마나 중요한가를 알았기 때문에 극적인 의상 연출법을 사용했다. 그는 엘비스 프레슬리Elvis Presley, 엘튼 존Elton John, 데이비드 보위처럼 무대 장악력이 뛰어났다. 그는 늘 자신의 무대는 음악 콘서트가 아니라 패션쇼라고 외쳤다. 자신감이 넘치고 이색적으로 자신을 치장하기를 즐기는 그의 음악 콘서트는 패션쇼 무대를 방불케 했다. 특히 목선이 배꼽까지 파지고 스와로브스키 보석이 잔뜩 달린 그의 점프슈트, 현란하게 프릴이 장식된 블라우스, 타이트한

◎ 자신의 무대는
음악 콘서트가 아니라
패션쇼라고 외친 프레디
머큐리의 패션

◎ 프레디가 제일 좋아한
패션 아이템, 점프슈트.
스와로브스키 보석이
잔뜩 달리고 목이 깊게
파졌다.

흰색 탱크톱, 딱 달라붙는 가죽바지를 입은 모습이 그랬다. 그가 바로 80년대에 가죽 액세서리, 암링, 모자, 스터드 벨트를 사용한 의상을 대세로 이끈 주인공이다.

프레디 머큐리, 웨딩드레스를 입다

의상 감독 줄리안 데이Julian Day는 38명이나 되는 의상 팀과 함께 마흔 번이 넘는 가봉 작업을 거쳐서 프레디 머큐리와 퀸 멤버 의상뿐 아니라 자선 콘서트를 비롯한 모든 장면에서 출연하는 엑스트라 의상까지 만 벌 정도의 옷을 꼼꼼하게 재창조했다.

그는 퀸의 사진들이 보관되어 있는 보관소와 프레디 머큐리의 의상을 많이 보관하고 있는 퀸 멤버 브라이언 메이의 의상보관소를 방문했다. 브라이언 메이는 퀸의 의상뿐 아니라 퀸의 기념품, 책자, 음악 투어에서 찍었던 개인 사진들을 소장하고 있었다. 또한 인터넷에 퀸에 관한 많은 참고자료가 있었기 때문에 퀸 스타일을 연구하는 데 크게 어려운 점은 없었다. 줄리안 데이가 록 밴드에서 연주한 경험이 있었던 것도 의상 제작에 도움이 되었다.

이 중에서도 가장 중요하게 사용된 자료는 퀸의 오리지널 사진이다. 데이는 60% 정도는 오리지널 의상을 그대로 사용하고 40%는 원본을 정확히 본떠 복사 의상을 만들었다. 프레디의 친구였던 영국 패션디자이너 잔드라 로즈Zandra Rhodes의 의상실도 방문했다. 잔드라 로즈는 펑크 감각을 하이패션에 도입한 대표적인 인물이다. 프레디의 아이코닉 아이템인 목선이 깊게 파진 어릿광대 점프슈트 의상과 무대 의상 분위기가 많이 나는 주름진 버터플라이 의상을 재창조하기 위해서였다. 잔드라 로즈의 버터플라이 의상에는 재미있는 일화가 있다. 프레디가 잔드라 로즈를 방문했을 때 그녀는 웨딩드레스를 만들고 있었다. 이를 본 프레디 머큐리가 드

레스의 윗부분을 마음에 들어 하자 잔드라 로즈는 그 자리에서 치마 부분을 잘라내고 프레디에게 이 옷을 선사했다고 한다. 이것은 일명 '천사'라는 별명이 붙은, 흰색의 커다란 날개가 달린 주름진 의상이다.

프레디의 초반 1970년대의 보헤미안 스타일은 1930년대 의상에서 영감을 받았기 때문에 의상 감독 데이는 런던과 파리의 빈티지 스토어를 샅샅이 살폈다. 또 영국 켄싱턴 벼룩시장을 뒤져 펑크, 고스, 히피, 보헤미안 스타일의 의상을 구했다. 프레디 머큐리가 영원한 여자친구 메리 오스틴Mary Austin이 일하는 의상 스토어를 방문해서 입어보았던 와인색 벨벳 재킷은 실제로 30년대에 제작된 오리지널 의상이다.

퀸 멤버 브라이언 메이와 로저 테일러는 영화를 위해서 음악을 프로듀싱하고 조언까지도 아끼지 않았다. 이들의 조언에 따라 의상감독 데이는 1985년 라이브 에이드 무대에서 입은 의상을 꼼꼼

◎ 목선이 깊게 파진, 검정과 흰색으로 된 어릿광대 점프슈트. 프레디 머큐리가 가장 좋아한 아이템이다.

◎ 잔드라 로즈의 웨딩드레스의 치마를 잘라낸 프레디의 주름진 버터플라이 의상

하게 재창조했다.

데이는 원래 프레디의 가죽 의상을 디자인했던 로버트 알솝 Robert Alsop을 찾아 징 박은 벨트와 팔찌를 제작했고, 랭글러Wrangler 에게는 프레디의 빛바랜 청바지를, 아디다스Adidas 브랜드에는 80 년대 유행한 얇은 밑창을 댄 신발을 주문했다. 다만 데이는 프레 디가 입었던 흰색 탱크셔츠는 움직임이 편하도록 소재에 탄력성 이 뛰어난 라이크라를 섞어 제작했다.

70, 80년대 게이 의상의 변화를 선도하다

영화는 프레디가 활동했던 1970년대부터 1980년대까지 의상의 변화를 섬세하게 보여주었다. 긴 머리에 엄마의 의상을 입고 노 래했던 70년대 시절부터 양성적인 모습의 글램 록 스타일로 발목 까지 오는 보디슈트를 입었던 시절 그리고 팔자수염을 하고 가죽 옷을 입은 80년대까지 그대로 묘사했다. 80년대 프레디는 게이로 서 커밍아웃한 후 남성스러움을 강조하는 마초 모습으로 변화했 다. 그는 70년대의 양성 스타일을 벗어나 머리를 자르고 수염을 길렀다. 또 윗도리를 벗어 남성적인 가슴 털을 강조하고 진 바지 를 입었다. 의상은 주로 가죽재킷, BDSM(결박 · 구속 · 사디즘 · 마 조히즘을 뜻하는 영어 bondage, discipline, sadism, masochism의 약 자)을 통한 극단적 성적 판타지에서 영감을 받은 징 박은 액세서 리, 게이클럽 문화에서 영감 받은 타이트한 진 바지와 탱크톱을 입었다. 바로 이것이 80년대 하위문화에서 유행한 보편적 게이 스타일이다.

1991년 사망했지만 여전히 최고의 록 스타로 기억되고 있는 프 레디 머큐리. 패션디자이너 잭 포즌Zac Posen이 말했듯이 프레디는 공연의 순간마다 사람들에게 영감을 주었다. 그의 카리스마와 색

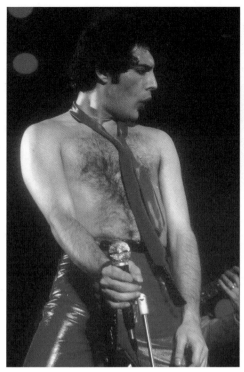

다른 패션 감각과 무대 파워는 현대를 사는 음악가, 예술가는 물론이고 팬덤 부대에까지 파급되었다. 록 아이콘인 데이비드 보위, 커트 코바인Kurt Cobain에서부터 레이디 가가Lady Gaga, 케이티 페리Katy Perry 같은 팝 스타뿐 아니라 위즈 칼리파Wiz Khalifa나 루페 피아스코Lupe Fiasco 같은 래퍼에 이르기까지 다양한 범위의 아티스트에게 영향력을 끼쳤다. 그렇기 때문에 그의 스타일은 현재까지 패션쇼 무대에서 지속적으로 등장하고 있다. 그의 양성성으로 인해 남성복뿐 아니라 여성복도 큰 영향을 받았다.

2018년, 발망Balmain 여성복은 프레디 스타일의 각진 어깨를 한 트로피 재킷을, 모스키노Moschino와 비비안 웨스트우드Vivienne Westwood 여성복 라인은 글램 록 스타일의 점프슈트를 발표했다. 남성복에서는 앤 드뮐미스터Ann Demeulemeester가 가슴을 섹시하게

◎ 1980년대 남성스러움을 강조하는 마초 모습으로 윗도리를 벗어 남성적인 가슴털을 강조하고 달라붙는 바지를 입은 프레디 머큐리

◎ 프레디 머큐리에게 영감 받은 비비안 웨스트우드의 2019년 패션쇼 의상

◎ 랭글러가 1985년
프레디 머큐리가
콘서트에서 입은 의상을
콘셉트로 시판한 의상
컬렉션

◎ 랭글러에서 시판하고
있는 퀸 앨범 재킷을
프린트한 의상 컬렉션

전부 보여주는 로큰롤 스타일을, 생 로랑Saint Laurent 남성복은 전체 반짝이 의상을, 셀린느Céline 남성복은 2018년 패션쇼에서 80년대 프레디 스타일의 가죽재킷을 선보였다.

〈보헤미안 랩소디〉는 퀸의 히트곡을 재포장했을 뿐 아니라 영화를 주제로 한 패션 라인에도 영향을 미쳤다. 70년 이상 음악과 연계된 의상을 팔고 있는 랭글러Wrangler는 음악 생활에 기반을 둔 브랜드 리릭 컬처Lyric Culture와 협업하여 1985년 프레디 머큐리가 콘서트에서 입은 의상을 주제로 한 의상 컬렉션을 발표했다. 랭글러 웹사이트에서 퀸의 노래 제목이 프린트된 티셔츠, 운동복 상의, 데님셔츠, 청바지와 재킷을 39~159달러 가격에 한정판으로 판매했다. 20세기 폭스사도 이런 의상 판매로 영화 흥행에 영향을 미치기를 바라며 LA에 있는 데님 브랜드인 럭키Lucky 브랜드와 한정판 퀸 의상 컬렉션을 계약했다. 전부 일곱 개 아이템으로 여성의 그래픽 티셔츠 3점, 남성 그래픽 티셔츠 3점과 여성 긴팔 라운드 네크 스웨터 1점을 포함했다. 이 의상들은 미국과 캐나다에 있는 럭키 브랜드의 150개 소매점과 브랜드 웹사이트에서 불티나게 팔렸다.

많은 사람들에게 감동과 즐거움을 선사한 이 영화에 대해서도 비판하는 입장은 있다. 영화가 사실을 왜곡한 부분 때문이다. 실제 프레디가 에이즈에 걸렸다는 것을 알게 된 것은 영화에서처럼

1985년 라이브 에이드 이전이 아니라 1987년 이후다. 실제 퀸 밴드는 라이브 에이드 이후 1986년부터 1991년 프레디가 죽기 전까지 성공적인 밴드 생활을 했다. 라이브 에이드 이후 프레디는 마이클 잭슨Michael Jackson과도 함께 무대에서 노래했다. 또 한 가지 영화와 다른 사실은, 밴드에서 솔로로 활동한 것은 영화에서처럼 프레디가 아니라 로저 테일러가 먼저였다는 것이다.

"나는 록 스타가 되지 않을 것이다, 나는 전설이 될 것이다."

프레디가 사랑한 것은 음악, 야하게 멋진 패션 그리고 그의 재산의 대부분을 남겨준 유일한 사랑이자 친구인 메리 오스틴과 그가 가족으로 여긴 열 마리 고양이들이다. 그리고 우리 모두가 사랑하고 있는 것은 전설 프레디 머큐리의 시대를 초월하는 아름다운 음악이다.

어떤 밴드의 음악보다 그의 음악을 들을 때 유독 가슴이 쿵쾅대는 사람은 나뿐일까? 내 안의 록 감수성을 끄집어내어 열광케 하는 프레디 머큐리의 음악이 그리워지는 오늘, 그가 평생의 연인인 메리 오스틴에게 바친 노래 'Love of my life'의 가사를 음미해본다.

사랑하는 사람아, 내 곁을 떠나지 말아요.
내가 더 나이를 먹었을 때 당신을 기억하면서 옆에 있을 거예요.
얼마나 당신을 사랑하는지….

© 패셔니스타 데이비드
보위의 전위적인 의상과
메이크업

새로움을 찾아 화성에서 온
글램 록 아티스트

 벨벳 골드마인 Velvet Goldmine, 1998

1970년대는 히피가 사라지고 영국의 '글램 록Glam Rock'이 짧지만 거대한 영향력을 가지고 나타난 시기였다. 1971~1972년 런던에서 시작된 글램 록은 60년대 말 팝 가수 데이비드 보위, 티렉스T. Rex 등이 매체를 통해 양성적인 옷차림과 현란한 화장을 '글래머러스'라고 표현하면서 그 이름이 붙여졌다. '글램'이란 '매혹적이고 시각적으로 야하다'는 뜻으로 글램 록 가수들은 번쩍거리는 의상, 도발적인 화장과 화려한 가방, 두꺼운 굽이 달린 구두 등으로 전통적 남성다움의 한계에 도전했다. 글램 록 아티스트들은 충격적인 패션과 퇴폐적인 분위기로 당대 젊은 세대의 열광적인 지지를 이끌어냈다. 남성과 여성, 게이와 레즈비언을 포괄하는 성性 관념, 우주적 상상력, 문학적 감수성을 두루 갖추었고 팝 장르에서도 포크 록에서 하드 록에 이르기까지 다양한 질감의 음악을 들려주었다. 글램 록 가수들은 여성적인 화려함이 강조된 짙은 화장, 선정적인 실루엣과 벨벳, 가죽, 비즈와 시퀸sequin(작고 동그란 금속 조각)을 이용한 반짝이 의상, 플랫폼 슈즈(힐과 밑창이 전체적으로 높은 구두) 등으로 장식한 화려한 스타일을 즐겼다. 이런 스타일은 개방적 섹스, 동성애나 양성애, 그리고 때로는 젠더 역할을 새롭게 보는 시각과 연결되었다. 당대 사람들은 글램 록 시기를 문란한 성행위와 방종한 생활 태도를 가진 자유를 표방하는 히피의 후대 현상으로 보았다.

마약, 섹스, 동성애로 무장한 화려한 스타일의 세계

글램 록이 탄생한 70년대 초는 60년대 전반을 지배하던 반전, 인권 운동과 자연주의 운동, 히피즘 등이 한계를 드러내며 호소력을 잃어가던 때이다. 또 유례없는 경제적, 사회적 호황 속에서 구심점을 찾지 못한 젊은이들이 향락과 소비문화에 빠지기 시작한 시기이기도 하다. 이런 사회적 환경에서 서구의 젊은이들을 매혹시킨 음악이 바로 글램 록이었다. 개인주의 문화 속에서 허우적거리던 젊은이들이 보다 감각적이고 자극적인 것을 원하고 있을 때 마약과 섹스, 동성애와 양성애적 분위기로, 무대에서 화려한 의상을 통해 극적인 면을 부각시킨 글램은 젊은이들의 자극적 욕망을 만족시켰다. 그러나 엄청난 영향력과 파장을 가졌던 글램 록의 생명은 길지 않았다. 이에 대한 아쉬움에서일까? 1990년대 초 영국에서는 글램이 되살아나서 미국 언더그라운드 음악에까지 영향을 끼쳤다. 이 새로운 글램 록 부활의 물결에 따라 1998년 미국의 영화감독 토드 헤인즈Todd Haynes가 만든 영화가 〈벨벳 골드마인〉이다.

<벨벳 골드마인>은 글램 록에 대한 밸런타인

〈벨벳 골드마인〉은 전 세계에 센세이션을 불러일으켰던 글램 록을 모티브로 한 영화다. 파격적인 내용과 영상으로 인간의 정체성과 내면의 폭력성, 섹슈얼리티, 화려함으로 무장한 스타일의 세계, 혼돈과 젊음, 쾌락과 사랑을 생동감 있게 표현한 이 작품은 예술성을 인정받아 제51회 칸영화제에서 '최우수 예술 공헌상'을 수상했다.

　토드 헤인즈 감독은 〈벨벳 골드마인〉을 '글램 록에 대한 밸런타인'이라고 선언했다. 유명한 동성애자인 그는 동성애나 양성애를 표현하는 것에 대해서 두려워하지 않았다. 영화는 19세기 말 '예술을 위한 예술'을 주창한 영국 유미주의 운동의 대표자인 오스카 와일드Oscar Wilde의 사상과 일생으로부터 강하게 영향을 받았다. 그는 글램 록에 영향을 준 사람으로서 영화 첫 장면에 등장했으며, 영화에는 그의 명언들과 행적이 여러 번 언급되었다.

팝 음악계에서 문화 아이콘으로 자리 잡은 글램 록의 인기는 1970년대 후반까지 이어졌다. 〈벨벳 골드마인〉의 스토리 중 많은 부분은 1970년대와 1980년대 글램 록 스타인 데이비드 보위, 이기 팝Iggy Pop, 루 리드Lou Reed, 브라이언 이노Brian Eno의 라이프 스타일과 음악에 기반했다.

아서 스튜어트(크리스찬 베일Christian Bale)의 눈에 투영된 글램 로커이자 아이돌인 브라이언 슬레이드(조나단 리스 마이어스Jonathan Rhys Meyers)는 영화의 중심 인물이다. 아서 스튜어트는 70년대에 런던을 주름잡던 브라이언 슬레이드의 행적을 조사하는 뉴욕 헤럴드 기자다. 그는 틴에이저일 때 동성애를 탐닉한 글램 록 팬으로 영화의 또 다른 주인공인 커트 와일드(이완 맥그리거Ewan McGregor)의 동성 애인이었다. 영화는 브라이언 슬레이드가 자작극으로 판명된 총격사건 이후 팝 뮤직계에서 사라진 것에 대해 아서 스튜어트가 그와 가까웠던 사람들을 만나 인터뷰를 하면서 브라이언 슬레이드의 글램 로커 시절을 되돌아보는 내용을 담았다.

모호한 성적 이미지와 우주 시대 이미지의 결합

주인공 브라이언 슬레이드의 캐릭터는 티렉스와 함께 글램 록의 시대를 연, 영국 런던 출신의 뮤지션 데이비드 보위다. 그는 1972

◎ SF 영화를
연상시키는 환상적인
연출로 관객을
열광하게 만든 브라이언
슬레이드는 데이비드
보위 스타일에서 영감을
받았다.

◎ 모호한 성적 이미지를
보여주는 데이비드
보위의 화려한 의상과
메이크업

년 6월, 'Ziggy Stardust and the Spiders from Mars'를 발표하면서 자신과 밴드를 '화성에서 온 지기 스타더스트와 거미들'로 소개했다. 데이비드 보위는 가상의 인물인 '지기 스타더스트'를 통해 남성 록 스타가 어떤 존재인지에 대해 급진적인 정의를 내렸다. 지기 스타더스트는 무미건조한 지구에 로큰롤을 전파하러 내려온 외계인으로서 모호한 성적 의미와 우주 시대 이미지를 갖고 있다. 관객들은 화려한 의상과 SF 영화를 연상시키는 환상적인 연출에 큰 충격을 받았다. 데이비드 보위는 가상의 인물인 지기 스타더스트로 대중 앞에 나타나 싸구려 음악으로 치부되던 글램 록의 확산에 결정적인 기여를 했다. 이 시기 데이비드 보위의 제스처나 화장, 의상은 유럽과 미국의 문화 트렌드와 패션 스타일이 되었다.

글램 록의 등장으로 음악과 패션이 하나가 되다

〈벨벳 골드마인〉의 의상감독인 샌디 포웰Sandy Powell은 1974년의 시대를 배경으로 글램을 정의하는 형형색색의 색상 조합과 환상적인 실루엣과 과장되고 충격적인 패션을 완벽하게 묘사했다. 샌디 포웰은 〈셰익스피어 인 러브〉, 〈에비에이터〉, 〈영 빅토리아〉에서 아카데미 의상상을 수상한 베테랑 디자이너다. 70년대 초에 10대였던 샌디 포웰의 아이돌idol은 티렉스 밴드의 마크 볼란Marc Bolan이었다. 그녀는 11세 때 런던에서 상영된 글램 록 음악영화를 보고 영화 의상디자이너로 일하겠다는 결심을 했다. 그녀가 가장 즐거웠던 작업으로 〈벨벳 골드마인〉을 지명하는 것은 어쩌면 당연한 일로 보인다. 물론 어려움도 있었다. 전체 영화에 사용된 비용이 80억 원(7백만 달러)에 불과했으니 막대한 예산이 소요되는 의상 제작을 기대할 수 없었기 때문이다. 주요 의상들은 포웰이 직접 디자인하거나 코스튬 대여 하우스인 '엔젤스'에서 대여할

◎ 보헤미안의
맵시 있는 중성적
스타일로 노래하는
브라이언 슬레이드

◎ 유전자 구조를 변형한
상상 속 인물같이
변하여 현란한
바디페인팅을 한 글램
로커

◎ 글램 록 무대.
맨 왼쪽이 브라이언
슬레이드 역의
조나단 리스 마이어스

수밖에 없었다. 포웰은 주인공 슬레이드와 그의 부인 맨디 슬레이드, 커트 와일드, 매니저, 팬이었다가 기자로 변한 아서 등 주인공들의 반짝이는 의상뿐 아니라 조연과 엑스트라 의상도 디자인했다. 70년대의 길거리 의상은 주로 벼룩시장에서 구입한 빈티지 의상을 사용했다. 70년대 평균 키가 영화 제작 당시 사람들보다 많이 작았기 때문에 빈티지 진품 의상을 구입하는 데도 어려움이 많았다. 적은 예산 때문에 포웰은 엔젤스 대여회사의 일을 대가 없이 직접 봐주면서 의상을 싼 값에 제공받기도 했다. 또 당대 의상을 소지하고 있는 사람들에게서도 빌렸다. 예를 들어 맨디 슬레이드의 털 코트는 영국 가수 로저 돌트리Roger Daltrey의 부인에게 빌렸다. 이런 피나는 어려움을 거친 의상 연출 덕분에 포웰은 1999년 영국 아카데미 의상상을 수상했고, 미국 아카데미 의상상 후보에도 이름을 올렸다.

가상의 팝스타, 브라이언 슬레이드는 영화의 중심 캐릭터다. 많은 사람들의 욕망의 대상이 된 매혹적인 슬레이드slade는 백여 년 전, 영국사회에서 모호한 성적 정체성을 드러냈던 '너무 빨리 온 성 담론가' 오스카 와일드를 기원으로 했다. 영화에서는 오스카 와일드가 가졌던 푸른 보석 핀을 통해 오스카 와일드와 글램 로커의 정신적 계승관계를 보여주었다.

슬레이드의 외모와 분위기, 노래는 데이비드 보위와 판박이다. 화려한 반짝이 의상, 통굽 구두, 짙은 눈 화장이 두드러지는 메이크업과 무대 매너는 팝 그룹 '슬레이드Slade'와도 닮아 있다. 포웰은 1968년부터 1974년까지 보위가 실제로 입었던 의상을 꼼꼼히 살핀 후 자신의 해석을 추가해서 슬레이드 의상을 창조했다. 보위의 60년대 모즈 룩, 양성적 특성을 가진 포크송 의상과 이런 스타일에서 영감을 받은 디자이너 간사이 야마모토Kansai Yamamoto의 무대 의상 등을 두루 살펴본 후 캐릭터가 가진 성적인 이중성과 요

◎ 슬레이드와 매니저의
화려한 의상

◎ 로코코 시대의
화려함을 보여주는
양단 연미복을 입고
파스텔 색조 화장을 한
브라이언 슬레이드

◎ 무대에서 번쩍이는
금빛 의상을 입은
브라이언 슬레이드와
커트 와일드

◎ 반나체로 공연하는
영화 속 커트 와일드.
커트 와일드의 모델이
된 글램 로커 이기 팝

란한 외양을 표현했다. 슬레이드의 의상은 당대의 글램 룩 스타
일인 보헤미안의 맵시 있는 중성적 패션, 우주 시대의 초현대적인
총천연색 색상뿐 아니라 양단으로 된 연미복, 공단으로 된 로코
코 시대의 화려한 바지에 높이가 20센티미터까지 되는 플랫폼 부
츠까지 신도록 해 시대의상 영역으로까지 확장되었다. 포웰이 미
래보다는 고전적 시대의상에 열광하는 디자이너이기 때문에 이
런 그녀의 성향이 슬레이드의 의상에 녹아든 셈이다. 현란한 보디
페인팅을 하고 파충류 같은 모습으로 유전자 구조를 변형한 상상
속 인물같이 변한 슬레이드의 모습은 젊은 팬들을 열광시켰다.

영화의 또 다른 주인공인 커트 와일드와 슬레이드의 관계는 데
이비드 보위와 이기 팝의 실제 관계를 토대로 설정했다. 브라이언
슬레이드와 커트 와일드는 의도적으로 자신들의 양성애적 성향을
대중에게 드러냈다. 커트 와일드 캐릭터는 로커 이기 팝과 루 리드
에게 주로 영감을 받았다. 무대 위에서 뛰고, 뒹굴고, 기고 하는 퍼
포먼스는 짐 모리슨Jim Morrison과 똑같은 모습으로 설정되었다.

커트 와일드는 미국 문화에 기초한 야성적이고 관능적, 전위적
인 성격으로 거칠고 노골적인 이미지의 인물이다. 반나체의 상체
와 가죽바지는 이기 팝과 짐 모리슨 스타일로부터 영감을 받아 제

작되었다. 몸에 꼭 맞는 가죽 팬츠를 입고 공연 중 상의를 벗어 던져 상체를 노출시키며 심지어는 나체 쇼까지 하는 장면에서 그의 캐릭터가 잘 드러난다. 커트의 거칠고 노골적인 성적 이미지는 강한 눈매를 드러낸 화장과 마약에 찌든 몸짓을 통해 더 강조되었다. 그는 슬레이드와 다르게 색조 화장보다는 아이라인과 마스카라를 이용하여 눈매를 강조하거나 손톱을 검정색 에나멜로 칠해 야성적인 신체를 강조했다.

브라이언 슬레이드의 부인, 맨디 슬레이드(토니 콜레트Toni Colette) 역시 과장되고 퇴폐적인 글램 이미지를 보여주었다. 번쩍거리는 컬러의 원피스를 입고 목을 몇 번이나 감은 목걸이와 손가락마다 낀 화려한 반지 등의 주얼리로 장식한 그녀의 모습은 화려하고 아름답다기보다는 퇴폐적이고 과장되게 보인다. 금색 표범 무늬 원피스와 흑백 체크 털 코트 등 모피나 표범 가죽 소재를 주로 사용한 글램 록의 다양한 스타일을 보여주고 있는 맨디는 자연스러운 천연의 색상이 아닌 다양한 염색가공 의상으로 인위적인 아름다움을 강조하였다.

글램 록의 추종자였던 아서 스튜어트의 모습을 보면 당시 글램 로커들이 젊은 팬들에게 끼친 문화적 영향을 짐작할 수 있다. 그

◎ 번쩍이는 금빛 드레스를 입고 과한 액세서리를 한 맨디 슬레이드

◎ 벨벳재킷을 입은 아서 스튜어트와 함께 표범무늬 의상, 털 의상을 입고 글램 로커를 흉내 내는 글램 록 추종자들

는 주로 보라색이나 초록 색상의 가죽재킷, 벨벳재킷, 진 팬츠, 크롭 팬츠, 크롭 티, 몸에 달라붙는 셔츠를 입었다. 액세서리로는 체리 색상의 요란한 선글라스나 플랫폼 슈즈를 착용했다. 또한 동물, 물방울, 사이키델릭 무늬가 들어간 의상을 즐겼으며, 눈매를 강조하기 위해 글램 로커들처럼 마스카라를 하고 반짝거리는 화장을 하고 다녔다.

20년 만에 다시 부활한 글램 룩

영화가 개봉한 이듬해인 1999년 봄에는 글램 룩 물결이 국제 패션쇼 무대를 휩쓸었다. 존 갈리아노John Galliano, 마이클 코어스Michael Kors, 톰 포드Tom Ford, 안나 수이Anna Sui 등의 디자이너들이 영화에 나온 벨벳, 라이크라, 가죽 소재를 이용한 글램 의상을 선보였다.

그런데 영화를 상영한 지 20년이나 지난 2019년에 글램 의상은 다시 패션쇼의 중요한 주제로 떠올랐다. 2019년 봄/여름 구찌 컬렉션은 글램 로커가 표방한 대담한 색상, 표범무늬, 스웨이드, 프린지 등의 의상을 선보였는데 이들 중 어떤 것은 바로 영화에서 튀어나온 것 같은 영화 속 패션을 그대로 담았다. 남자인지 여자인지 구별하기 힘든 모델들이 나와서 화려한 스팽글이 달린 몸에 딱 달라붙는 의상, 70년대 꽃무늬 슈트, 비즈 달린 점프슈트를 입고 런웨이 무대를 누볐다. 생 세르냉Saint Sernin의 2019년 남성복 패션쇼에서는 성별을 구별하기 힘든 코르셋과 이완 맥그리거가 입었던 것 같은 완전히 달라붙는 가죽바지를 선보였다.

영화에 나온 커트 와일드의 "우리가 세상을 바꾸려 했는데 오히려 바뀐 건 우리 자신이야"라는 대사는 짧지만 거대한 영향력을 가졌던 글램 록을 한마디로 표현해주고 있는 듯하다.

죽기 직전까지도 새로움을 찾아 헤맨 화성에서 온 글램 록 아티
스트들. 그들의 음악은 쇠퇴했을지 모르지만 그들의 아방가르드
패션은 지금도 새로움을 추구하는 예술가들의 패션 교과서가 되
고 있다.

ⓒ 2019년 봄/여름 구찌
패션쇼. 영화 <벨벳
골드마인>에서 영감
받은 반짝이와 모피가
코디된 의상을 입은
모델

ⓒ 2019 구찌 패션쇼.
반짝이 소재 슈트를
입은 모델

힙합은 지금 가장 뜨겁다

 8마일 8 Mile, 2002

"꿈은 높은데, 현실은 시궁창이야"라는 명대사를 남긴 힙합 영화의 전설, 〈8마일〉은 힙합 마니아들에게는 '모던 클래식'으로, 래퍼들에게는 '바이블'로 사랑받는 영화다. 무려 다섯 번이나 빌보드 차트 1위곡을 차지했고, 7개 앨범이 빌보드 앨범차트 연속 1위를 했으며, 비틀즈 이후 빌보드 20위 안에 네 곡을 동시에 올려놓은 최초의 힙합 뮤지션 에미넴. 〈8마일〉은 21세기에 가장 성공한 아티스트이자 래퍼인 에미넴이 최고의 래퍼가 되기 전 어두웠던 삶

© 1990년대 초기에
유행한 트레이닝복,
심플한 후드 티셔츠,
비니 차림을 한 에미넴

을 고스란히 담아내 음악성, 대중성, 작품성을 인정받는 음악영화다.

에미넴의 본명은 마셜 브루스 매더스 3세Marshall Bruce Mathers III다. 그의 예명 에미넴은 자신의 이니셜인 M&M을 변경하여 에미넴으로 지은 것이다. 에미넴은 사회에 대한 불만과 세상의 모든 부조리에 대한 분노를 랩에 쏟아내며 오직 랩으로 밑바닥에서 최정상까지 오른 인물이다. 흑인이 장악하고 있는 랩에 도전장을 내민 미국의 백인 래퍼. 그에게는 '힙합 역사상 세계 최고'라는 수식어가 따라다닌다.

힙합 역사상 가장 흥행한 불후의 명곡

영화의 OST인 그의 'Lose Yourself'는 힙합 역사상 가장 흥행했다고 볼 수 있는 불후의 명곡이다. 그래미상에서 2관왕을 차지했고 21개국에서 1위를 기록했다. 이 곡은 빌보드 '핫100'에서 12주 동안 정상을 지키며 지금까지 가장 오래 1위를 차지한 힙합 싱글로 남아 있다. 'Relapse'는 2009년 전 세계 힙합 앨범 판매량 1위를 기록했고 2010년 발매한 앨범 'Recovery'는 일주일 만에 미국에서만 74만 장, 전 세계적으로는 무려 110만 장이 팔려나갔다. 에미넴의 'Lose Yourself'로 〈8마일〉은 힙합 영화로서는 이례적으로 아카데미 주제가상을 받았고 지금까지 힙합계의 명곡으로 남아 있다. 랩 배틀 승리 후 자신의 현실을 받아들이고 계속해서 꿈을 향해 나아가는 한 청년의 뒷모습을 담담하게 그려낸 마지막 장면에서는 전설적인 주제곡 'Lose Yourself'가 울려 퍼지며 최고의 엔딩 신을 장식했다.

영화 제목 〈8마일〉은 미시간 주 직통 간선 고속도로의 지선 중하나인 도로 'M-102'의 별칭으로 디트로이트 시의 동과 서를 잇는 길 중 하나다. 자동차 산업이 본격적으로 시작된 1920년대 디트로이트는 기회의 도시였다. 일자리를 찾아 미국 전 지역에서 많은 흑인들이 몰려들기 시작했다. 흑인에 대한 차별이 심했던 당시, 디트로이트에 거주하던 많은 백인들은 8마일 길을 중심으로 흑인들을 피해 북쪽 지역으로 거주지를 옮기고, 이 8마일 길 선상에 높은 장벽을 쌓기도 했다.

영화는 실제로 어머니와 사이가 좋지 못했고 가난한 삶을 살았던 에미넴의 어린 시절 이야기에서 모티브를 얻었다. 1920년대 이후 자동차 도시로 경제적인 호황을 누렸지만 제조업이 몰락하면서 빈민 도시가 된, 1990년대 디트로이트를 배경으로 빈민가에 사는 지미 스미스 주니어(에미넴)가 시궁창 같은 현실에서 유일한 탈출구인 랩을 통해 희망을 외치는 음악영화다.

"왜 왕이 되어야 해? 신이 될 수 있는데"

결손 가정에 살고 있는 주인공 지미 스미스 주니어는 자동차 공장에서 힘들게 일하지만, 래퍼를 꿈꾸면서 언젠가는 암울한 현실로부터 벗어나 성공하리라는 희망을 가지고 산다. 당시 빈민가 흑인들의 탈출구이자 삶의 에너지였던 힙합은, 백인인 지미에게도 가난한 삶의 출구이자 그를 지탱해주는 유일한 힘으로 작용한다. 힙합 클럽에서는 디트로이트 최고의 래퍼들이 밤마다 모여 랩 배틀을 한다. 1995년 겨울 디트로이트, 클럽에서는 래퍼들이 관객 앞에서 45초씩 격렬한 힙합 대결을 펼친다. 이 랩 배틀의 3라운드 토너먼트에서 지미는 지난 배틀의 우승자인 파파 독(안소니 마키Anthony Mackie)과 맞붙어 챔피언이 된다. 지미와 파파 독의 파이널 랩 배틀 장면은 현재까지 꾸준히 회자되는 명장면이다. 이는 한국 대중음악상 시상식에서 최우수 랩&힙합 부문에 수상한 킬라그램, 딥 플

로우, 넉살, 양홍원, 최하민 등 유명 래퍼들이 꼽은 최고의 랩 장면
이기도 하다.

랩으로 사회의 부조리에 대한 분노를 표출하다

힙합 문화는 20세기와 21세기의 삶에 영향을 주는 가장 중요한 현
상 중 하나다. 힙합이라는 장르는 미국의 흑인들로부터 시작되었
다. 가난하고 차별받던 흑인들이 힙합을 통해 세상에 자신들의 목
소리를 내기 시작했고 점차 그들의 음악이 대중에게 인정받게 되
었다. 그 영역이 넓어져 감에 따라 백인들 사이에서도 힙합은 인기
를 끌게 되었다. 하지만 백인이 랩을 한다는 것은 흑인들에게 비
웃음거리가 되기에 충분했다. 그만큼 힙합이 흑인 고유의 음악으
로 인식되었기 때문이다. 그 선입견을 깨고 흑인들에게도 존경을
받게 된 뮤지션이 바로 에미넴이다. 그는 자신을 '백인 쓰레기'라
고 지칭하며 "백인들 중에서도 흑인처럼 사회 낙오자나 부적응자
가 많다"라면서 자신의 랩을 정당화했다. 2015년 제57회 그래미

어워드 최우수 랩 상을 받은 리한나Rihanna도 말했듯이 에미넴은 사회에 대한 불만과 세상의 모든 부조리에 대한 분노를 그의 랩에 쏟아냈다.

뮤지션이 힙합 패션을 제일 먼저 수용하다

19세기에 미국의 아프리카 흑인 스타일이었던 힙합 패션은 이제 세계적인 패션이 되었다. 1980년대 후반에서 90년대 초반 힙합 패션의 물결이 거셀 무렵, 브루클린에 거주하는 에이프릴 워커April Walker나 안젤라 헌트 위즈너Angela Hunte-Wisner 같은 혁신적인 패션 아티스트들이 힙합 패션을 제일 먼저 수용했다. 에이프릴 워커의 선구적인 힙합 스타일은 1980~90년대를 주름잡은 운동선수와 유명한 영화, TV쇼, 뮤직비디오 등에 출연한 엔터테이너들을 중심으로 선풍적인 인기를 끌었다. 비디오 감독의 경력이 있었던 안젤라 헌트 위즈너는 뮤직 아티스트들의 힙합 패션 스타일리스트로 이름을 날렸다. 이 엔터테이너들의 스타일은 곧 1990년대 스트리트 문화의 아이콘으로 받아들여졌고 힙합 패션은 패션의 주류로 편성되어 대중 패션을 주도하게 되었다. 힙합 스타일은 운동복, 운동용품, 오버사이즈 티셔츠와 청바지 차림 등에서 두드러졌다.

스트리트 패션에는 흑백의 차이가 없다

에미넴이 영화의 주인공으로 출연한 것만으로도 많은 힙합 팬들을 열광시킨 이 영화는 2011년 흑백영화 〈아티스트〉로 아카데미 의상상을 받은 베테랑 디자이너 마크 브릿지Mark Bridges가 의상 디자인을 맡아 흑인과 백인의 구별이 없는 힙합 스트리트 패션을 보여주었다.

◎ 야구모자와 신발이
보일 정도의 헐렁한
오버사이즈 바지,
커다란 셔츠, 드레드록
헤어스타일, 공기 주입
재킷을 코디한 영화 속
90년대 힙합 스트리트
패션

　영화에서는 에미넴의 트레이닝복, 심플한 후드 티셔츠, 비니 등
과 함께 1990년대 초기에 유행한 야구모자와 형광색상 의상, 오버
사이즈 바지와 커다란 플란넬 셔츠를 선보였는데 이들은 현재 우
리나라 스트리트 패션에서도 대중화된 아이템이다. 다른 사람의
눈을 의식하지 않던 에미넴의 패션이 이제 다른 사람의 눈길을 받
는 패셔너블한 스타일이 된 것이다.

　영화에서는 흑인과 백인의 스트리트 패션에서 차이점을 발견하
기 어렵다. 그만큼 힙합 문화를 바탕으로 한 스트리트 패션은 흑
백이 없다는 말이다. 비니 모자에 헐렁한 후드 티셔츠와 재킷을
착용한 에미넴처럼 영화에 등장하는 다른 흑인들 역시 헐렁한 재
킷, 비니 모자를 착용하고 야구모자와 형광색상 의상, 신발이 보
일 정도의 헐렁한 오버사이즈의 바지와 커다란 셔츠를 입었다. 한
가지 다른 점이 있다면 흑인의 타고난 심한 곱슬머리를 직모로 편
후 그 위에 다시 굵은 퍼머를 하는 제리 컬Jheri curl 스타일이다. 파
마 후에 백콤back comb을 넣어서 머리를 푹신하게 한 다음 머리를
땋는 흑인 래퍼 헤어스타일인 드레드록dread lock 헤어스타일은 백

인은 물론 한국의 래퍼도 즐기는 스타일이다.

타미 힐피거Tommy Hilfiger는 1990년대 힙합 패션의 인기를 업고 힙합 스트리트 패션 선풍을 일으킨 스포츠웨어 브랜드다. 1990년대 스포츠웨어는 타미 힐피거가 선두를 달리고 그외 폴로 랄프 로렌Polo Ralph Lauren, 캘빈 클라인Calvin Klein, 노티카Nautica와 DKNY도 합류했다. 타미 힐피거의 성공 요인은 힙합 유행 스타일뿐 아니라 자사의 패션쇼에 떠오르는 흑인 힙합뮤지션 모델을 기용하고 이들이 회사의 광고 캠페인에도 등장했기 때문이다. 미국 서부 힙합 뮤지션인 스눕 독Snoop Dogg이 타미 힐피거를 입고 TV 쇼에 나온 다음 날 뉴욕에서 이 의상은 완판되었다. 1990년대 후반에는 야구나 축구 유니폼 저지Jersey도 힙합 패션에 합류했고 이에 힘입어 값비싼 프리미어 디자인 브랜드들도 대거 힙합 패션에 뛰어들었다.

힙합 패션이 21세기 패션의 주류가 되다

70년대 후반에 뉴욕의 하위문화로 태동한 힙합은 이제 아프리카계나 라틴계의 전유물이 아니라 세계적이고 대중적인 현상이 되었다. 이에 따라 힙합 패션은 팝 문화에 자연히 스며들어 패션의 주류로 편성되었다. 2012년엔 릭 오웬Rick Owens, 라프 시몬Raf Simons, 생로랑 파리Saint Laurent Paris 같은 하이패션 브랜드가 힙합 패션에 합류했고 현재는 세련된 남성복이나 심지어 클래식한 남성복 영역까지 깊숙이 파고들고 있다. 2017년 1분기 글로벌 명품 톱10 브랜드 중 1위를 달성한 베트멍Vetments과 2위 이지Yeezy는 힙합 패션 브랜드다. 더욱이 이지 브랜드의 패션디자이너는 2013년 그래미상 최우수 힙합 래퍼인 카니예 웨스트Kanye West다. 패션계에서 가장 핫한 인물로 힙합 가수 퍼렐 윌리엄스Pharrell Williams, 리타 오라Rita Ora, 에이셉 라키ASAP Rocky를 빼놓을 수 없다. 가난한 길거리에서 시작

◎ 70년대 유행한
검정색 의상과 여러
겹으로 큼직하게 강조한
골드 주얼리

◎ 90년대 유행한
힙합 버킷 모자

◎ 2000년대 유행한
오버사이즈의 헐렁한
힙합 티셔츠

◎ 2000년대 유행한
바이저

◎ 2010년대 그릴과
사각형 선글라스를 한
래퍼

◎ 미국 래퍼 카니예
웨스트의 스트리트 웨어

◎ 2019년 가을/겨울
베트멍 패션쇼

된 힙합 패션이 가장 값비싼 의상이 되었으니 가히 패션 산업의
혁명이라 할 만하다.

〈8마일〉은 국내 래퍼들의 음악 프로그램에도 큰 영감을 주었다.
2012년부터 엠넷Mnet에서 방영된 '쇼미더머니'에서는 대한민국을
대표하는 최고의 래퍼들이 무대에서 실력을 겨룬다. 2017년부터
시작된 '고등래퍼'는 젊은 래퍼를 배출하며 2019년 현재 시즌3을
이어가고 있다.

21세기 힙합패션의 키워드는 '다양성'

2010년대 힙합 패션의 키워드는 다양성이다. 1980년대와 1990년
초의 힙합 의상이 리바이벌되어 밝은 색상이나 만화가 그려진 그
래픽 프린트의 후디 의상이 다시 부활하고 있다. 버킷 모자, 야구
모자, 방수 부츠, 데님, 오버사이즈 의상, 손목과 허리 부분에 고무
밴드가 있는 트랙 재킷, 야구 저지, 화려한 주얼리뿐 아니라 현재
의 힙합 패션은 점프슈트, 스키니 팬츠, 달라붙는 스포츠 재킷, 공
기를 주입한 재킷과 조끼, 헤드 밴드, 바이저, 머리부터 발끝까지
꽉 채운 문신도 유행하고 있다.

힙합은 지금 가장 뜨겁다.

◎ 90년대의 패션이 다시 유행한 2010년대 힙합 패션

◎ 2017년 스트리트 힙합 스타일

◎ 미국 래퍼 릴 웨인의 문신, 선글라스, 여러 겹의 목걸이

펑크 문화와 펑크 패션은 일란성 쌍둥이

⬤ **시드와 낸시** Sid And Nancy, 1986

2018년 영화 〈보헤미안 랩소디〉가 흥행하면서 비주류 문화인 펑크에 대한 대중의 관심도가 눈에 띄게 높아졌다.

　전 시대에 유행했던 히피에 대한 반작용으로 나타난 펑크Punk는 1970년대 중반, 영국 노동당 정부의 실정과 실업으로 거리로 내몰린 영국 노동계급 젊은이들이 기존 질서에 반기를 들고 나선 문화다. 이들에게는 전통이나 과거는 필요 없고 오직 반기와 저항만 가득했다.

◎ 섹스 피스톨즈
포스터 앞에 서 있는
시드와 낸시 역의 게리
올드만과 클로이 웹

펑크 록의 창시자, 섹스 피스톨즈

펑크 록Punk Rock의 창시자는 1972년에 결성된 영국 밴드 '섹스 피스톨즈Sex Pistols'다. 그동안 하위 장르에 머물렀던 펑크는 이들의 등장으로 록계의 주류가 되었다. 밴드 이름은 밴드 매니저 말콤 맥라렌이 운영하던 안티 패션숍 이름인 'Sex'에 모든 것에 반항한다는 의미의 'Pistol'을 덧붙여 1975년 개명했다. 이유 없는 비난, 불안, 일관성 없는 무책임이 섹스 피스톨즈의 상징이었다. 그들이 보여준 반사회적 행동, 독설과 욕설, 어디로 튈지 모르는 과격한 행보는 청춘의 대변인으로서 청년들에게 열화와 같은 지지를 얻었고 도발적인 이들의 메시지는 거대한 문화현상이 되었다. 초창기 멤버는 스티브 존스Stephen Phillip Jones, 기타, 폴 쿡Paul Cook, 드럼, 쟈니 로튼Johnny Rotten, 보컬, 글렌 매트록Glen Matlock, 베이스이다. 이후 글렌 매트록이 퇴출당하면서 새로운 베이시스트로 섹스 피스톨즈의 대표 얼굴 마담이 된 시드 비셔스Sid Vicious가 합류했다.

음악보다 정신을 대변하는 펑크 록

펑크 록은 음악보다는 정신을 대변한다. 시드 비셔스는 베이시스트였지만 베이스를 거의 못쳤다. 그런 그를 맥라렌이 베이시스트로 데려온 것은 오직 그의 펑크 정신 때문이었다. 공연장에서 마약을 하고 깨진 맥주병과 면도날로 자해를 하는 등 강렬한 펑크 정신을 온몸으로 보여준 그는 섹스 피스톨즈의 성공에 큰 기여를 했고 전설로 추앙받는 펑크의 상징이 되었다. 그는 마약을 하고 여자친구 낸시를 살해한 혐의로 구속됐다가 만 22세에 다량의 마약을 흡입하고 자살한 퇴폐의 결정판이었다. 이 시드 비셔스에 관

◎ 말콤 맥라렌과 비비안 웨스트우드가 운영한 안티 패션숍 '섹스'

◎ 면도날로 자해를 하고 피를 흘리며 공연하는 시드 비셔스의 실제 모습

한 영화가 바로 알렉스 콕스Alex Cox 감독의 〈시드와 낸시〉다. 알렉스 콕스는 영화 제목 〈시드와 낸시〉의 운율과 의미를 〈로미오와 줄리엣〉에서 땄다. 『시카고 선타임즈』도 이들을 '펑크록계의 로미오와 줄리엣'이라고 언급했다.

시드와 낸시는 70년대 펑크 문화의 상징

기성 사회에 반기를 드는 태도로 일관하며 무정부주의적으로 살아가는 시드와 낸시의 모습은 70년대 펑크 문화의 상징이다. 펑크 밴드에서 만난 두 사람은 늘 마약에 찌들어 비정상적으로 보이는 사랑을 나누었고 이들의 사랑은 언제나 격렬하면서도 절망적이었다. 이들은 마약에 중독되었듯이 서로에게 중독되어 점점 친구와 동료들을 잃었고 음악 생활까지 지속할 수 없게 되었다. 결국 마약에 취한 시드가 낸시를 살해함으로써 국제적인 뉴스가 되었고 시드 역시 4개월 후 마약 과용으로 사망했다.

마약중독자 역할은 게리 올드만을 따를 사람이 없다?

시드 비셔스 역은 영화 〈레옹〉에서 마약중독자 형사 연기로 세계적 스타가 된 게리 올드만Gary Oldman이 맡았다. 한 인터뷰에서 올드만은 자신이 시드라는 배역을 좋아하지 않았고 주인공 역할도 잘하지 않았다고 밝혔지만 그는 시드 역을 아주 잘 소화했다. 이 영화로 첫 주연을 맡은 게리 올드만은, 마약 중독으로 수척해 보이는 시드의 모습을 재현하기 위해 영화를 찍기 수주일 전부터 찐 생선과 멜론만 먹는 강도 높은 다이어트를 했으며, 그 결과 심한 영양실조로 병원에 입원하기도 했다. 올드만은 외모와 더불어 연기에서도 시드와 상당한 싱크로율을 자랑했다. 시드 비셔스는 섹

◎ 징과 옷핀으로
요란하게 치장한 시드와
낸시의 검정 가죽 펑크
패션

◎ 여성스러운 드레스에
그물 스타킹과 군화를
신고 머리에는 철망
장식을 한 낸시와
여성의 가터벨트와
자물쇠 달린 목걸이를
한 시드

스 피스톨즈 해체 후 프랭크 시나트라의 'My Way', 에디 코크런의 'Something Else', 이기 팝의 'I Wanna Be Your Dog', 'No fun' 등 원곡을 제멋대로 부른 리메이크 싱글을 내서 솔로 활동을 시작했다. 영화에서 게리 올드만은 시드 비셔스의 무절제한 무대 모습을 고스란히 보여준다. 게리 올드만이 'My Way'를 부르는 장면은 실제 시드 비셔스의 무대와 매우 비슷하다. 영화의 OST는 더 클래쉬The Clash의 멤버로 펑크의 대중화에 기여한 조 스트러머Joe Strummer, 프레이 포 레인 밴드Pray for Rain와 포그스 밴드The Pogues가 담당했다. 영화에 나온 노래 중 'I Wanna Be Your Dog'와 'My Way'는 게리 올드만이 직접 불렀다.

'구역질나는 낸시' 역으로 여우주연상을 수상한 클로이 웹

시드의 파트너 낸시 스펑겐Nancy Laura Spungen은 이 세상을 살고 싶지 않다는 지속적인 문제의식을 가지고 살았다. 어릴 때부터 그녀는 공격적이었다. 10세에 이미 자살을 기도하고 11세 때는 박물관에 데려다주지 않는다며 엄마를 망치로 공격하기도 했다. 또 그의 보모를 가위로 위협하는 낸시에 대해서 의사는 그녀를 조현병 환자로 진단했지만 당시에는 어린 조현병 환자를 위한 시설이 없었다. 13세에 처음으로 마약을 시도한 낸시는 그때부터 마약을 달고 살았다. 17세에는 부모로부터 도망쳐서 매춘으로 돈을 벌었고 그룹 섹스 피스톨즈를 쫓아다니는 팬이 되어 시드를 만나게 된다. '구역질나는 낸시'라는 이름으로 불리기도 한 낸시 역은 클로이 웹Chloe Webb이 실감나게 맡아 제21회 전미비평가협회 여우주연상을 수상했다.

영화가 촬영된 1980년대 런던과 뉴욕은 시드와 낸시가 실제 살았던 1970년대와 크게 변화된 것이 없었기 때문에 현실적인 모습을 재현할 수 있었다. 콕스 감독과 촬영감독 로저 디킨스Roger Deakins는 처음에 영화를 흑백영화로 만들려고 했다. 그러나 흑백영화로 제작하면 영화가 너무 예술적으로 보일 것이고 결과적으로 관객의 호응을 얻지 못할 것이라 주장하는 영화 제작자들의 반대에 부딪혀 실현되지 못했다. 대신 촬영감독은 무채색 느낌이 나는 채도로 색상을 디자인했다. 영화의 결말 부분으로 갈수록 그레이톤이 되도록 촬영해 흑백영화의 효과를 냈다.

펑크 문화와 펑크 패션은 일란성 쌍둥이

펑크 문화와 펑크 패션은 일란성 쌍둥이와 같다. 펑크는 삶 자체로서 사회에 대한 불신과 분노를 의상으로 표현했고 그들의 정돈되지 않은 패션은 어지러운 사회상 그 자체였기 때문이다.

　펑크 패션은 1970년대 후반 영국 밴드 섹스 피스톨즈의 의상에서 발단했다. 당시 영국의 펑크 패션은 펑크의 여왕이자 영국 패션의 대모로 불리는 디자이너 비비안 웨스트우드Vivienne Westwood와 그녀의 파트너이자 섹스 피스톨즈 매니저인 말콤 맥라렌Malcolm McLaren의 영향을 받았다. 섹스 피스톨즈가 펑크 록의 아이콘이라면 비비안 웨스트우드는 펑크 패션의 창조자다. 그들이 창시한 펑크 문화는 영국을 대표하는 혁신적인 하위문화 스타일로 정착됐다. 1970년대 비비안 웨스트우드 의상은 기존 체제와 세대에 반감을 가진 젊은 세대의 좌절과 절망, 분노를 관통했다. 비비안과 말콤의 매장에서 파는 '파괴', '섹스' 등의 글귀나 '나치' 표시가 프린트된 티셔츠가 초기 펑크 패션에서 유행했다. 펑크 티셔츠들은 찢은 듯한 형태의 디자인이 대부분이었다. 또 초기 영국 펑크 패션은 가죽 재킷, 슬로건이 적히거나 논란이 많은 이미지가 있거나 심지어 피가 묻은 것 같은 드레스 셔츠도 포함되어 있었다. 가죽, 고무,

비닐 소재 의상뿐 아니라 면도칼이나 옷핀, 체인이 액세서리로 포함되었다. 머리는 일부러 헝클어뜨렸고 자연스럽지 않은 색상으로 염색을 했다. 신발로는 군대용 부츠, 모토사이클 부츠, 두꺼운 고무창 달린 남성구두가 유행했고 통 좁은 진과 가죽바지, 표범무늬 바지뿐 아니라 지퍼, 체인 버클 등이 달려 BDSM 분위기가 나는 바지도 유행했다.

펑크 패션은 인간의 성적 기호 중에서 가학적 성향을 통틀어 일컫는 BDSM에서 강하게 영향을 받았다. BDSM의 뜻은 B: Bondage(신체 결박) D: Discipline(신체 훈련) S: Sadism(가학적 성 도착증) M: Masochism(피학대 성 도착증)이다. 펑크 패션은 비정상적인 섹스 환경을 보여주는 BDSM 패션에서 사용하고 있는 찢어진 그물 스타킹, 뾰족한 못이나 징이 박힌 밴드나 주얼리, 옷핀, 실버 팔찌, 남녀 모두 즐겨 하는 과장된 눈화장을 포함했다. 페인트를 뿌린 티셔츠나 옷핀을 연결한 의상은 가학, 신체 결박 등에 사용되는 스파이크가 박힌 가죽 벨트를 연상케 한다.

펑크 패션의 창시자 비비안 웨스트우드

영화에서 시드 비셔스의 대표 의상은 가죽 재킷이다. 비비안 웨스트우드를 만나기 전 시드의 무대 분위기는 글램 로커인 이기 팝을 흉내 냈고, 패션은 데이비드 보위를 따라 했다. 그런데 비비안 웨스트우드를 만난 이후엔 그녀가 제안하는 스타일로 바꾸어 자신만의 분위기와 이슈로 패션계에서 한 획을 긋게 되었다. 그의 스타일 중 일부는 반항의 상징인 모토사이클리스트의 재킷과 딱 달라붙는 진 바지, 그리고 검정 부츠에서도 영향을 받았다. 시드는 가끔 나치 표시가 있거나 정치적 또는 반정치적 문구가 쓰여 있는 티셔츠를 입었다. 또한 몸에 딱 달라붙는 진 위에 반항적 젊은이 스타일의 빨강 가죽 재킷, 웃통을 벗어 뼈대만 있는 골격이나 검정색 십자표시 무늬가 있는 빨강 티셔츠도 눈에 띈다. 그중에서도 시그니처 아이템은 그가 언제나 달고 다닌 자물쇠 달린 체인 목걸이다. 이 목걸이는 시드 비셔스의 엄마 앤 비벌리Anne Beverly가 게리 올드만에게 빌려주어 촬영된 것이다. 앤 비벌리는 처음에는 영화에 대해 완강하게 거부반응을 보였지만 콕스 감독을 만난 후 마음을 바꾸어 영화 제작에 도움을 주었다.

실제 낸시는 키가 작고 살이 찐 스타일이어서 올 블랙 의상을 즐겼다고 한다. 그녀는 옷을 체격보다 아주 작게 입었는데 이런 스타일은 그녀를 더 통통해 보이게 했다. 영화에서는 고무로 신체를 결박하는 스타일링을 하거나 BDSM 분위기가 나는 그물 셔츠, 그물 스타킹, 징 박힌 가죽 벨트를 즐겨 착용했다. 그녀의 스타일은 멋진 것이 아니라 요란하기 때문에 예쁘거나 멋있다기보다는 그냥 눈에만 띄는 스타일이라고 할 수 있다. 그녀는 총 달린 목걸이, 로켓 달린 펜던트, 은반지 액세서리를 즐겼다. 여성 펑크족은 하늘거리는 발레복 스타일에 더러운 전투용 부츠와 찢어진 그물 스타킹을 신는 등 부드러운 것과 거친 것을 뒤섞어 표현하는 걸 즐겼는데 영화 속 낸시는 이런 펑크 스타일까지 두루 보여주었다.

가학적 성향의 공포스런 펑크 스타일이 고급 패션상품으로 바뀌다

70년대 말과 80년대 초의 패션에 끼친 펑크의 영향력은 대단했다. 그동안 어떤 스타일도 이처럼 빠르게 패션계에 흡수된 경우는 없었다. 이 안티 패션을 소비 자본시장은 발 빠르게 현대적인 모습으로 차용했다. 펑크족의 옷차림은 고급 패션 디자이너들에 의해 밀리터리 룩, 빈티지 룩, 그런지 룩 등으로 발전했다.

펑크족들의 공포스런 스타일이 고급 패션 상품으로 변화된 아이러니를 어떻게 설명할 수 있을까? 부르주아 미학을 거부하려 했던 반부르주아 미학이 다시 새로운 부르주아 상품으로 생산된 것을. 패션의 속성은 '혁신성이 강한 소수에서 시작되어 대중에게 널리 퍼진다'라는 말을 또 한 번 실감하게 된다.

세계적인 케이팝 아이돌의 감각적인 패션 스타일의 중심은 펑크 패션이다. 펑크는 아방가르드 패션과 스트리트 패션의 등장에

◎ 2017년 비비안
웨스트우드의 남성복
펑크 패션쇼

◎ 2019년 가을/겨울
펑크 콘셉트 프라다
남성복 패션쇼

◎ 2019년 펑크 콘셉트
입생로랑 패션쇼

아이디어를 제공할 뿐 아니라 럭셔리 패션에서도 디자인 요소로 활용되는 등 끊임없이 변주되며 진화하고 있다. 펑크는 이제 대중적인 패션이 되었다.

방황과 좌절이 와도 포기하기엔 이르다

〈시드와 낸시〉의 대사로 유명해진 말이 있다. 'too fast to live too young to die.' '죽기에는 너무 어리고 살기엔 너무 타락했다'로 해석되는 말이다. 그룹 빅뱅의 리더 지드래곤이 인생의 의미로 생각하는 문구라고 한다. 그는 이 문구를 '방황과 좌절이 와도 포기하기엔 이르다'라는 긍정적인 의미로 해석한다고 한다. 지드래곤은 이 대사를 솔로 앨범 1집 'The Leaders'에서 인용하는 것으로도 모자라 타투로도 새겼다. 시드 비셔스가 즐겨 사용했던 이 문구는 실은 펑크의 대모 비비안 웨스트우드가 1972년에 연 패션숍 이름이었다.

◎ 비비안 웨스트우드
패션숍 브랜드 로고
'too fast to live
too young to die'

노래가 당신을 구할 수 있나요?

◉ 비긴 어게인 Begin Again, 2014

음악영화는 전 세계적으로 크게 환영받는 장르지만, 유독 더 열광하는 국가가 있다. 바로 한국이다. 존 카니John Carney 감독이 2007년 음악영화 〈원스〉에 이어 메가폰을 잡은 '뉴욕을 배경으로 한 음악동화' 〈비긴 어게인〉은 한국에서 다양성 영화로 분류돼 342만여 명의 관객 동원이라는 성과를 기록했다. 이에 우리나라는 미국을 제치고 전 세계 수익 중 41%를 차지, 세계에서 가장 많은 수입을 거둔 나라로 등극했다.

◎ 그레타의 핑크 톱과 그레이색 치노 바지. 치노바지는 허리선이 높고 주름이 잡혀 정장 바지보다는 캐주얼하고 청바지보다는 클래식한 매력이 있다.

노래가 당신을 구할 수 있나요?

　꿈과 사랑 이야기를 다루는 존 카니 감독의 음악영화들은 공통적으로 제목에 영화의 주제가 담겨 있다. 토론토 국제영화제 상영 당시 〈비긴 어게인〉의 원래 제목이었던 'Can A Song Save Your life?노래가 당신을 구할 수 있나요?'의 해답이 변경된 제목인 〈Begin Again〉에 녹아 있다. 상처가 음악의 영감이 되고, 다시 음악은 아픔을 치유하고 또 사람을 변화시킨다는 것. 이 변화를 통해서 남자 주인공 댄은 '사랑'을, 여자 주인공 그레타는 '꿈'을 '비긴 어게인'했다.

　음악영화 〈원스〉의 성공 이후 존 카니 감독은 한때 프로 뮤지션이었던 자신의 과거 경험을 되살려 〈비긴 어게인〉을 만들었다. 그는 시나리오를 쓸 당시 스티비 원더Stevie Wonder와 프랭크 시나트라 Frank Sinatra의 노래를 자주 들었다. 영화의 명장면으로 꼽히는 댄과 그레타가 이어폰으로 서로의 스마트폰에 저장된 음악을 함께 듣는 대목에서 이 두 가수의 노래가 등장한다.

　〈비긴 어게인〉은 그레타(키이라 나이틀리Keira Knightly)의 상심으로부터 전개된다. 그레타는 오랜 연인이자 음악적 파트너였던 남자친구 데이브(애덤 리바인Adam Levine)와 결별한 싱어송라이터이다. 이어서 등장하는 댄(마크 러팔로Mark Ruffalo)은 뉴욕에 힙합 열풍을 불러일으킨 천재 프로듀서였으나 음악이 상업화되는 것을 거부하다가 명성을 잃게 된 음반 프로듀서이다. 영화는 두 사람이 뉴욕에서 만나 음악적 교감을 통해 음반을 제작하고 노래를 통해 행복을 찾아나가는 이야기다.

예술성을 가진 블록버스터 영화

2013년, 한국에서 개봉관 185개로 시작된 〈비긴 어게인〉은 개봉관 숫자가 200개 상한선을 넘기면 안 된다는 기준에 합격점을 얻어 다양성 영화에 선정되었다. 다양성 영화는 독립영화, 예술 영화, 다큐멘터리영화 등 작품성과 예술성이 뛰어난 소규모 저예산 영화를 총칭하는 상위 개념의 말이다. 사실 다양성 영화의 선정기준은 200개 미만의 상영관 규모뿐 아니라 제작비도 소규모가 되어야 하는데 2500만 달러(한화 약 260억 원)라는 적지 않은 제작비를 들인 데다가 할리우드의 유명 배우 마크 러팔로와 키이라 나이틀리, 그룹 마룬5의 리드보컬 애덤 리바인 같은 톱스타가 출연한 영화가 어떻게 다양성 영화로 분류된 것인가에 대해 갑론을박이 많았다. 어쨌든 다양성 영화로 분류된 〈비긴 어게인〉은 예술성을 갖춘 블록버스터라는 의미의 '아트버스터'라는 신조어와 함께 영화의 탄탄한 스토리텔링과 뮤직텔링으로 날개를 달았다.

"이래서 난 음악이 좋아.
어떤 평범한 음악도 아름다운 친구같이 변하니까"

존 카니 감독은 〈비긴 어게인〉의 스토리텔링에서 사랑보다는 음악에 초점을 맞추었다. 일반적으로 영화에서 필요한 정보가 인물의 대사를 통해 전해지는 데 반해 이 영화는 미묘한 감정 표현을 아름다운 선율로 대신했다. 대사로 설명이 필요한 많은 부분이 노래로 처리되어 감정 전달의 효과가 배가되었다. 영화에서 음악은 새로운 관계의 시작이자 헤어짐의 치료제로 등장했다. 스토리텔링 역할을 맡은 OST가 이 영화에서 특히 중요한 이유다.

〈비긴 어게인〉 OST는 영화보다 먼저 공개되면서 각종 음원 차트를 휩쓰는가 하면, 제17회 상하이국제영화제에서 예술 공헌상을 수상하고 제87회 아카데미 시상식 주제가상 후보작에 노미네이트 되기도 했다. 사운드 트랙 앨범 'Begin Again' 작업에는 그래미상을 수상한 미국의 싱어송라이터이자 프로듀서인 더 뉴 래디칼스The New Radicals의 리더 그렉 알렉산더Gregg Alexander가 음악 감독을 맡았다. 그렉뿐 아니라 존 카니 감독은 영화 속에서 그레타가 데이브에게 전화 메시지로 보내는 노래 'Like a Fool'과 클럽에서 부른 'A Step You Can't Take Back'을 직접 작곡했다. 키이라 나이틀리와 애덤 리바인, 미국의 싱어송라이터이자 래퍼인 씨 로 그린Cee Lo Green 등 영화 출연자들도 사운드 트랙의 작곡, 연주, 프로듀싱에 참여하여 영상에 음악의 숨결을 불어넣었다.

영화에는 다양한 악기들로 독특한 분위기를 내는 음악이 등장한다. 첼로, 바이올린 등의 클래식 악기와 어울리지 않는 조합의 힙합 반주가 만들어내는 화음, 길거리의 온갖 소음 속에서 피아니스트, 첼리스트, 바이올리니스트와 드러머, 그리고 아이들의 즉흥 코러스로 완성된 음악은 역동적인 분위기를 더했다.

존 카니 감독은 미국 여배우 캐서린 키너Catherine Keener, 영화에 댄의 딸로 출연한 미국의 가수이자 배우인 헤일리 스타인펠드Hailee Steinfeld, 영국의 배우이고 작가이자 프로듀서인 제임스 코든James Corden, 영화에 그레타의 남자친구 데이브로 나온 애덤 리바인 등 셀럽들의 실제 라이프 스타일을 연구해 영화에 적용했다.

존 카니는 그레타 역 캐스팅에 심혈을 기울였다. 키이라 나이틀리에 앞서 먼저 캐스팅하려던 여주인공은 미국 배우 스칼렛 요한슨Scarlett Johansson이었다. 영화 〈그녀Her〉에서 실제 모습을 보이지 않고 AI 목소리로만 출연했던 스칼렛 요한슨이 부르는 노래가 멋지긴 했지만 영화 속 그레타를 설명하는 대사 중 하나인 '꽉꽉한 영국여자'와는 거리가 멀기 때문에 결국 영국 배우 키이라 나이틀리가 주인공으로 낙점되었다. 영화에 출연하는 다른 출연진들이 미

국인이거나 뉴요커였기 때문에 영국인 키이라는 영화에 신선한
매력을 더하는 요소가 될 수 있다고 생각한 것이다. 또 하나의 캐
스팅 요인은 키이라가 2008년 영국 영화 〈사랑의 순간The Edge Of
Love〉에서 직접 노래한 영화 클립을 존 카니가 음향 전문가들에게
보여주어 그들의 평가를 구했는데, 여기서 그녀가 높은 점수를 받
았기 때문이었다. 키이라 나이틀리는 극중 싱어송라이터인 '그레
타' 역할을 만나자마자 사랑에 빠졌다고 고백했다. 음악인이 아닌
키이라는 그레타 역할을 훌륭히 소화하기 위해서 영국 록 밴드 클
락손스Klaxons의 보컬로 활약하는 남편 제임스 라이튼James Righton에
게 기타 연주를 배웠고 고된 노래 레슨을 마다하지 않았다.

◎ 그레타 의상은
보헤미안의
자유분방함과 내추럴한
감성이 돋보이는 보호
시크boho chic 룩의
진수를 보여준다.

중성적이고 담백한 매력의 보호 시크 룩

영화 속 키이라 나이틀리의 중성적이면서 담백한 매력이 돋보이는 의상은 여성 관객들의 시선을 사로잡았다. 보헤미안의 자유분방함과 내추럴한 감성이 돋보이는 보호 시크boho chic 룩의 진수를 보여주는 의상은 의상디자이너 아준 바신Arjun Bhasin이 맡았다.

인도 출신이지만 그는 뉴욕대 산하 티시 예술대학Tisch School of Art을 졸업하고 뉴욕대학교에서 영화를 전공한 후 뉴욕에서 영화의상을 시작했다. 이후로 인도영화 작업도 병행하고 있지만 주로 국제적인 프로젝트에 참가하고 있다. 그는 할리우드 영화와 인도영화인 볼리우드 영화와의 차이를 잘 표현하기 위해서 영화의 지리적 배경에 관한 검토를 최우선에 둔다. 〈비긴 어게인〉처럼 뉴욕 배경의 영화를 찍는 경우에는 뉴욕 중심의 영화들을 일일이 검토한 후 영화작업에 들어간다. 〈비긴 어게인〉의 경우 타임 스퀘어, 유니온 스퀘어, 브루클린 브리지, 센트럴 파크, 클럽들과 맨해튼 거리 등 뉴욕 거리가 주를 이루었기 때문에 뉴욕 거리 스타일에 대한 연구에 집중했다. 그는 그레타의 모습이 뉴욕시의 실제 생활 모습이 똑같이 묘사된 스타일이기를 바랐다. 또 영화의 스토리가 음악산업의 예술적 창조성과 상업성 사이의 갈등과 투쟁을 다루고 있기 때문에 이런 정신적인 디테일까지 염두에 둔 스타일을 만들기 위해 노력했다.

의상은 미국 가수 밥 딜런Bob Dylan, 레너드 코헨Leonard Cohen, 패티 스미스Patti Smith, 영화배우 오드리 헵번Audrey Hepburn과 뉴욕 뮤지션들의 사진에서 영감을 받았다. 그렇긴 해도 지리적 배경에 관한 검토를 최우선에 두는 디자이너인 만큼 뉴욕을 오가는 사람들의 패션에서 가장 많은 아이디어를 얻었다.

◎ 겹쳐입기는 그레타가
즐기는
보호 스타일이다.

◎ 그레타의 길거리
연주. 핑크 톱과 베이지
바지는 선머슴 같은
느낌과 동시에 여성적인
분위기를 준다.

◎ 선머슴 같은
느낌으로 캐주얼하고
세련된 스타일을
보이는 치노 바지, 로퍼,
가로줄무늬 셔츠로
코디한 매니시 룩

◎ 댄의 딸로 출연한
미국의 가수이자 배우인
헤일리 스타인펠드

아준 바신은 후에 유명한 로커가 되는 남자친구를 따라 작은 도시에서 뉴욕으로 온 그레타의 의상을 길거리에서 흔히 보이는 스타일로서 약간은 선머슴 같은 느낌이지만 캐주얼하고 세련된 스타일로 콘셉트를 정했다. 아준 바신은 이 소녀스러운 느낌의 젊은 예술가 모습을 어떻게 표현할 것인가에 대해 주인공인 키이라와 많이 의논했다. 키이라가 오드리 햅번이나 다이앤 키튼Diane Keaton 같은 톱 여배우인데다가 그녀들처럼 캐릭터 의상에 관한 빼어난 안목이 있을 거라고 생각했기 때문이다. 감독과 여주인공은 그레타 의상을 글래머러스하거나 섹시하지 않으면서 편안하고 기능성을 고려한 스타일로 의견을 모았다. 이렇게 만들어진 그녀의 모습은 두 가지 대조되는 스타일로서 보헤미안 아티스트 같은 모습과 젊고 소녀스러운 여성성이 묻어난다. 즉 보헤미안 아티스트의 모습은 오버사이즈의 주름진 남성스타일 바지에 남성용 신발을 신은 스타일링으로 표현했고, 소녀스럽고 여성성이 묻어나는 모습은 70년대 여성적인 드레스 스타일링을 보여줌으로써 사랑스러운 그레타 캐릭터에 힘을 더했다.

남성들이 호감을 가지는 옷이 아닌
여성들이 보았을 때 멋지다고 느낄 수 있는 의상

그레타의 의상은 감독과 의상감독과 키이라가 함께 골랐다. 모두 중고 의류매장에서 구입한 것으로 브랜드 의류나 명품은 하나도 없었다. 단 갭 청바지는 예외다. 세계에서 가장 큰 앤티크 시장이 있는 영국 런던의 포토벨로Portobello와 뉴욕 맨해튼 남쪽의 세련되고 절충된 스타일이 있는 지역에서 의상을 구했다. 특히 맨해튼 남쪽은 예술적인 것과 트렌디한 스타일이 믹스된 지역이어서 이들이 원하는 의상스타일이 많아 셔츠, 줄무늬 의상, 남성 스타일의

◎ 키이라 나이틀리가
의상을 고른 기준은
남성들이 호감을
가지는 옷이 아니라
여성들이 보았을 때
멋지다고 느낄 수 있는
의상이었다.

◎ 경쾌한 분위기의
파스텔 색조 줄무늬
드레스를 입은 그레타와
록커의 스트리트 패션을
보여주는 데이브

린넨 바지, 블라우스, 가죽 백 등을 구하기 안성맞춤이었다.

키이라 나이틀리가 의상을 고른 기준은 '남성들이 호감을 가지는 옷이 아니라 여성들이 좋아할 만한 옷, 여성들이 보았을 때 멋지다고 느낄 수 있는 의상'이었다. 그래서 선머슴 같은 스타일, 영화 〈애니 홀〉에서 다이앤 키튼이 입어 타임지가 선정한 '20세기 영화 속 최고의 패션 10'에 들었던 헐렁한 치노 바지 스타일과 남성 양복바지 스타일을 캐주얼하게 바꾼 매니시 룩을 주로 택했다. 매니시 룩은 미국 영화평론가인 몰리 헤스켈이 말했듯이 남성이 지닌 권력을 암시할 뿐 아니라 특이한 스타일 때문에 주목을 받으며 성적인 매력을 불러일으키기도 한다. 한마디로 그레타의 스타일은 남성성이 가미된 세련된 페미닌 스타일이다. 슈트와 캐주얼의 경계를 허문, 자연스럽지만 스타일리시한 스타일은 대강 걸친 것 같지만 오히려 고난도 패션 감각이 필요한 믹스&매치 스타일이다. 그레타는 정장 바지보다는 캐주얼하고, 청바지보다는 클래식한 매력을 지닌 주름이 잡힌 치노 바지를 즐겨 입었다. 블루진을 입을 때면 윗도리는 딱 맞는 블랙이나 그레이의 무채색 티셔츠, 또는 블라우스를 매치해서 입고 특히 겹쳐 입기를 즐겼다. 여기에 어디에나 어울리는 브라운 색상의 가죽 숄더백과 로퍼를 매치했다.

영화에서 그녀는 소녀 느낌의 원피스 드레스 세 벌을 입고 나왔었는데 세 번 다 특별한 만남을 가질 때였다. 각각의 드레스는 그녀의 내면을 표현했다. 밝고 경쾌한 분위기의 파스텔 색조 줄무늬 드레스는 애인 데이브와 즐거운 데이트를 할 때 입었다. 빨강 체크 드레스는 댄과 음악으로 소통하며 행복한 시간을 나눌 때 입은 옷이다. 빨강은 일에 대한 열정과 둘만의 공감대를 보여주고 이성적으로 보이는 체크무늬는 두 사람이 사랑으로 발전하지 않음을 암시하는 도구이기도 하다. 마지막으로 데이브와 다시 만나게 되

◎ 데이브와 다시 만나게
되었을 때 그레타가
입은 꽃무늬 빨강
드레스

◎ 꽃무늬 빨강 드레스에
어울리는 플랫 샌들

었을 때 그레타가 입은 꽃무늬 빨강 드레스는 사랑했던 애인에 대한 미련이 조금이나마 남아 있는 여성성의 발현이 아닌가 싶다.

실제 뮤지션들이 어떻게 입는지에 대한 아이디어가 전혀 없었던 댄 역의 마크 러팔로는 키이라와는 반대로 아준 바신이 제시하는 대로 내면에 상처를 입은 채 자신의 꿈을 좇는 캐릭터에 부합되는 수더분한 의상을 입었다. 다만 존 카니 감독이 팬으로서 좋아하는 플레이밍 립스Flaming Lips의 보컬을 맡고 있는 웨인 코인Wayne Coyne 의 헤어스타일과 의상스타일을 어느 정도는 참고했다.

록 스타로 나오는 데이브 역의 애덤 리바인은 자신이 록 스타이기 때문에 실제 자신의 스타일을 있는 그대로 보여주었다.

'상처는 음악의 영감이 되고 음악은 아픔을 치유하고 사람을 변화시킨다.' 이 영화가 관객에게 전하고자 하는 명쾌한 메시지다. 그런데 〈비긴 어게인〉에는 아직 해결되지 않은 숙제가 있다. 언더그라운드 음악과 오버그라운드 음악 사이의 간극을 어떻게 극복할 것인가? 소신 있는 음악인의 입장과 상업주의에 물든 음악인과의 간극은? 마지막으로 사랑 앞에서도 결국 자신의 과시욕을 저버리지 못하는 데이브의 모습에 실망한 그레타를 통해서 음악의 대중성과 아티스트가 추구하는 진정성에 대해 묻는다. 이 질문들에 대한 결론은 관객 각자의 몫이다.

© 엠파이어 스테이트 빌딩 옥상 공연

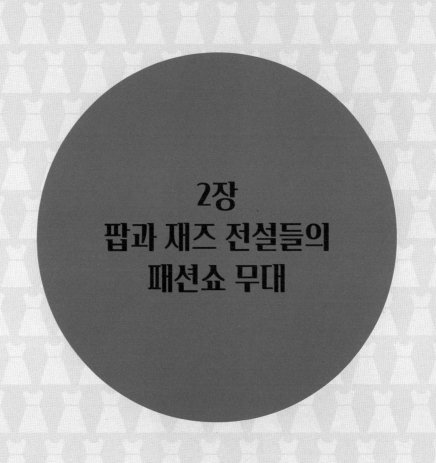

2장
팝과 재즈 전설들의
패션쇼 무대

© 니나 시몬의 실제 모습

나는 누구? 나는 아프리카 여왕이다

 니나 NIna, 2016

'나는 누구? 나는 아프리카 여왕이다.'

전설적인 재즈싱어 니나 시몬Nina Simone, 1933~2003의 말이다. 니나 시몬에게는 많은 수식어가 붙여진다. 재즈계의 대모, 최초의 여성 싱어송라이터, 피아노 연주자, 작사가, 작곡가, 편곡가, 영화배우, 흑인민권 운동가….

영화 〈니나〉는 2003년 니나 시몬이 유방암으로 타계하기까지 흑인에 대한 인종차별과 뮤지션으로서의 고민, 알콜 중독과 약물 중독, 그리고 우정, 사랑을 그린 영화다.

가스펠과 팝 음악을 클래식에 접목시킨 여성 뮤지션

니나 시몬은 재즈 음악사를 포함해 미국 음악사 전체를 통틀어 위대한 인물 중 한 사람으로 꼽힌다. 재즈를 비롯해 블루스·솔·가스펠·클래식 등을 포괄한 다채로운 스타일의 음악을 선보였다. 가스펠과 팝 음악을 클래식 음악에 결합시키는 새로운 시도를 했으며, 흑인 탄압과 인종차별을 반대하는 노래들로 미국 내 흑인 민권운동에 큰 영향을 미쳤다. 특유의 풍성하고 기품 있고 혼이 가득 담긴 목소리를 가진 그녀는 듣는 이들의 심금을 울리는 음악으로 열다섯 번 그래미 후보에 올랐고, 2000년엔 그래미 명예의 전당상을 받았으며, 2018년엔 팝 음악을 빛낸 인물에게 수여하는 최고의 영예로운 상인 로큰롤 명예의 전당 헌액자로 호명됐다.

흑인은 클래식을 전공할 수 없는 불합리한 인종차별

신시아 모트Cynthia Mort 감독의 〈니나〉는 주인공인 니나가 인종차별을 받고 있던 고향 미국을 떠나 바바도스, 라이베리아, 스위스, 영국을 전전하다가 남프랑스에 정착하기까지 스토리를 보여준다.

영화의 첫 장면은 니나 가족이 흑인 차별을 당하는 장면이다. 열두 살의 어린 니나가 불합리한 인종차별을 단호하게 받아들이지 않는 모습으로 시작된다. 세 살 때부터 피아노를 연주했던 그녀는 열두 살이 되던 해에 첫 피아노 공연을 한다. 관객석 맨 앞에 자리를 잡았던 부모는 백인들이 입장하자 맨 뒤편으로 쫓겨난다. 그러자 그녀는 부모에게 다시 맨 앞자리로 돌아올 것을 요구하며 공연을 시작하지 않았다.

심포니 홀에서 클래식 피아노를 연주하는 것이 소원이었던 니나는 1950년 고등학교를 졸업한 후 줄리아드 학교Juilliard School에서 음악 교육을 받았다. 필라델피아에 있는 커티스 음악원Curtis Institute of Music in Philadelphia에 가기 위해서였다. 그러나 흑인은 클래식 음악을 전공할 수 없다는 인종차별 정책으로 커티스 음악원에 불합격했다. 그녀는 포기하지 않고 클래식 음악 레슨비를 벌기 위해 클럽에서 피아노를 치며 노래를 시작했다. 이때부터 그녀는 본명인 유니스 캐슬린 웨이먼Eunice Kathleen Waymon을 두고 니나 시몬이라는 예명을 쓰기 시작했다. 커티스 음악원은 50여 년이 지나 니나 시몬이 사망하기 이틀 전, 그녀에게 명예 졸업장을 수여했다.

흑인의 애환을 진솔하게 노래하다

미국의 흑인민권운동은 미국 흑인들이 1950년대부터 1960년대에 걸쳐 시민권 신청과 인종 차별의 해소를 요구한 대중운동이다. 니나가 노래를 시작한 1950년대 후반은 미국 사회에서 흑인에 대한 인종차별이 심했고 이로 인해 흑인들의 울분이 깊을 때였다. 당시 미국 사회는 흑백 갈등의 도화선이 된 폭력과 시위가 끊이질 않았고 이 시기 인권운동의 리더인 맬컴 엑스와 마틴 루터 킹 목사가 연이어 암살되었다.

니나는 흑인 인권에 대한 열망과 두려움, 상처, 사랑, 저항, 분노를 담아 시대 상황을 반영한 노래를 불렀다. 클래식을 전공한 그녀는 모차르트, 체르니, 리스트, 라흐마니노프 같은 클래식 음악가들에게 영감을 받아 저항곡을 쓰기도 했다. 50년대와 60년대 뮤지션들은 사회에 대해 공격적이지 않았기 때문에 당시의 니나는 가히 혁명적인 사람으로 여겨졌다.

1964년 곡인 'Mississippi Goddam'은 미시시피, 앨라배마 등 남부 지역의 백인 우월주의자들에 의한 흑인 살해사건을 비난하는 메시지를 담았다. 저항 음악의 효시로 평가 받는 이 노래는 니나 시몬이 직접 작사, 작곡했다.

이후 그녀는 흑인 민권운동에 본격적으로 뛰어들어 무대 위에서 노래로 이를 설파했다. 'Four Women', 'Don't Let Me Be Misunderstood', 'Strange Fruit' 등은 사회와 대립 국면을 두려워하지 않는 당당한 노래였다. 특히 'Four Women'은 백인에게 학대받는 네 가지 유형의 흑인 여성을 이야기한 노래로, 그 내용에서 당시 미국에 사는 흑인 여성의 현실을 들여다볼 수 있다. 미국에 노예로 온 첫 번째 여성, 흑인 어머니와 백인 아버지 사이에서 태어난 두 번째 여성, 성적 도구가 된 세 번째 여성,

◎ 흑인 특징을 표현하기 위해 짙은 브라운색 색조화장과 인공 코를 보철해 니나 시몬의 모습으로 분한 조 샐다나

사회 환경과 부모로부터 억압을 물려받은 존재인 네 번째 여성….

역사상 최고의 여성 흑인 인권운동 아이콘

역사상 최고의 여성 재즈 뮤지션이자 최고의 흑인 인권운동의 아이콘이었던 니나 시몬의 전기 영화인 만큼 미국에서는 개봉되기 전부터 '인종주의' 논쟁이 벌어졌다.

주인공 캐스팅을 두고 다수의 흑인들이 반발했기 때문이다. 니나 역을 맡은 주인공은 바로 〈아바타〉와 〈가디언즈 오브 갤럭시〉에 출연한 조 샐다나Zoe Saldana다. 니나 시몬의 피부가 매우 검고 코가 뭉툭했던 데 비해 도미니카 푸에르토리코 인종인 조 샐다나는 코가 오뚝하고 피부색은 옅은 브라운색이었기 때문이다. 사실 할리우드의 메이크업 기술은 이제 흑인을 희게 하거나 백인을 검게 만드는 것은 문제도 아닐 정도로 발전했기 때문에 조 샐다나는 흑인 특징을 표현하기 위해 짙은 브라운색 색조화장과 인공 코를 보철하여 니나 시몬의 모습으로 분했다. 그런데 이것이 오히려 다수의 흑인들을 자극했다. 그들은 이런 분장이 피부색으로 인종을 차

별하는 컬러리즘이라고 비난했다. 니나의 피부색을 표현하기 위한 과장된 화장이, 옛날 백인들이 분장으로 흑인들을 희화화했던 악몽을 되살렸기 때문이었다.

그런데 놀랍게도 니나 시몬의 딸 리사는 엄마의 역할에 조 샐다나가 어울린다며 두둔하고 나섰다. 리사는 오히려 문제는 캐스팅이 아니라 각본의 부정확성에 있다고 지적했다. 영화에 표현된 니나와 니나의 전 매니저 클리프튼의 관계에 대해 리사는 분개했다. 사실 클리프튼이 게이라고 알려져 있었기 때문에 니나와의 이성애적인 관계 자체가 성립되지 않는다는 것이다. 캐스팅에 대한 반발과 논란은 오히려 니나 시몬 전기 영화에 대한 세간의 관심을 끌어올리는 계기가 되었다. 여하튼 조 샐다나의 캐스팅에는 전기 영화의 특성상 제작 자금을 모으기가 어려운 상황에서, 흥행을 끌어낼 수 있는 대중적인 흑인 여배우가 필요한 신시아 모트 감독의 결정이 크게 작용했다는 것이 정설인 듯하다.

아프리카 스타일의 패셔니스타

니나 시몬은 자신만의 상징적 패션 스타일을 만들어냈고, 지금까

◎ 니나와 매니저 클리프튼의 정서적 교감 장면

◎ 1983년
로스앤젤레스
록시시어터에서 핑크
드레스와 골드 터번을
한 니나 시몬

◎ 눈썹과 눈꺼풀에
크리스털을 붙인 니나
시몬

지도 매년 패션쇼의 소재가 될 정도로 패션 트렌드에 영향을 미치고 있는 뮤지션이다.

시대를 반영하는 것이 아티스트의 의무라고 말한 니나는 행동과 음악과 단호한 의상 스타일로 1950년대 후반부터 2003년 사망하기 전까지 흔들림 없이 자신의 말을 실천해나갔다. 그녀의 스타일은 자신의 예술성을 그대로 보여주는 도구였다. 대담한 색상들을 믹스매치하고 화려한 프린트를 소화하는 파워풀한 패션 감각, 커다란 주얼리, 머리를 천으로 둘둘 감는 과감한 머리 랩 장식까지. 그녀가 입은 물결치는 맥시 드레스를 그녀처럼 멋있게 소화할 수 있을까?

아프리카 중심주의자로서 아프리카 스타일 패셔니스타인 니나의 가장 멋진 무대는 80년대 초 뉴욕의 에버리 피셔홀 공연이었다. 1시간이나 늦게 도착하는 큰 실수에도 관중은 이집트 스타일의 금색 의상을 입은 그녀의 파워에 최면이라도 걸린 듯 빠져들었다. 그리스 스타일의 흰색 드레스를 입고 눈썹과 눈꺼풀에 크리스털을 레이어드해서 장식한 모습은 파격적인 패션으로 유명한 레이디 가가의 아방가르드 패션 퍼포먼스를 연상시킨다.

아프로 헤어스타일로 백인 위주 미의 기준 타파하다

◎ 영화 속 조 샐다나의
아프로 헤어스타일

◎ 뉴욕 센트럴파크
공연에서 흰색 드레스를
입은 니나 시몬

◎ 뉴욕 센트럴파크
공연 장면에서 흰색
비대칭 드레스와 커다란
귀걸이를 한 조 샐다나

어렸을 적 니나 시몬은 그녀의 검은 피부가 사람들에게 경멸을 당하고 있다고 느꼈고 이에 대해 상처를 많이 받았다. 하지만 그녀는 모든 약점에도 불구하고 자신이 가진 재능과 힘을 믿어 의심치 않았으며 흑인인 것을 부끄러워하지 않았다. 더욱이 자신의 정체성을 찾고 개성을 갖는 것이 중요하다는 것을 깨닫고 1960년대 후반부터 아프로 스타일 머리를 하기 시작했다. 백인 위주의 미의 기준을 타파하기 위함이었다. '아프로Afro'란 아프로 아메리칸(아

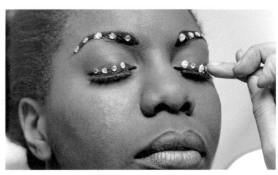

프리카계 미국인)의 독특한 머리모습에 꼬불꼬불한 파마로 볼륨을 낸 흑인의 헤어스타일이다. 이 헤어스타일이 흑인의 자존심을 세우는 일이라 여긴 그녀는 'Pastel Blues' 음반 출시 이후부터 아프로 스타일로 머리를 꾸미기 시작했다. 니나가 센트럴파크에서 입은 순백의 이브닝 드레스도 같은 맥락이다. 그녀의 순백 드레스는 피부를 더 검어 보이게 하는 효과로 짙은 피부색을 강조한다.

의상감독 마갈리 기다스치Magali Guidasci는 니나 시몬이 실제 입었던 의상을 토대로 자신만의 현대적인 예술 감각을 덧입혀 놀라운 의상들을 선보였다. 마갈리가 특히 신경 쓴 부분은 머리를 래핑한 헤어스타일과 귀걸이, 목걸이 같은 액세서리였다. 과장되게 재해석된 이 액세서리들은 조 샐다나의 매력을 더욱 돋보이게 했다. 영화의 엔딩 크레딧 장면에서 그녀가 입었던, 그물같이 짠 흰색 점프슈트는 그녀가 외치던 것처럼 이유 있는 반항을 표현한 의상이다.

니나의 무대의상은 무대의상 디자이너이면서 세빌 로의 헌츠맨과 홀랜드 앤 홀랜드같이 유서 깊은 브랜드의 패션 디자인 총감독인 루비 엘루비Roubi L' Roubi가 제작했다.

그녀의 상징이 된, 머리를 천으로 감싼 헤어스타일과 아프리카에서 영감을 받은 액세서리로 항상 스타일리시했던 니나는 죽은 지 16년이 된 지금까지 혁신적인 음악과 패션스타일로 팝 문화에 커다란 영향을 끼치고 있다. 런던의 유명 패션디자이너인 듀로 올로우Duro Olowu는 2017년 봄/여름 패션쇼에서 니나 시몬에 대한 오마주 패션쇼를 펼쳤다. 니나 시몬의 노래를 패션쇼 배경음악으로 틀고 흑인 모델들이 니나의 아프로 머리스타일과 니나풍의 커다란 액세서리를 하고 문양과 텍스타일을 멋지게 결합시킨 디자인을 선보였다.

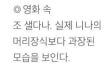
◎ 영화 속
조 샐다나. 실제 니나의
머리장식보다 과장된
모습을 보인다.

◎ 영화의 엔딩 크레딧
장면에서 나온 그물
옷을 입은 니나 시몬의
실제 모습

◎ 니나 시몬 스타일에서
영감 받은 2017년 듀로
올로우의 패션쇼

삶의 상처가 배어 있는 영혼을 울리는 목소리

니나 시몬의 목소리만큼 강한 중독성을 지닌 음성을 들은 적이 없다. 한번 빠지면 헤어날 수 없는 삶의 상처가 긁혀 있는 치열한 음성이다. 그녀는 자신의 목소리가 어떨 땐 자갈밭 같은 소리, 때로는 크림 넣은 커피 같은 소리라고 말했다.

영화에서 소개되지 않은 노래, 끈끈한 점액질의 목소리로 사랑의 상처를 신음하는 듯 내뱉는 노래를 하나 소개한다.

그녀가 부른 샹송, 자크 브렐Jacques Brel 원곡의 '느 므 끼뜨 빠Ne Me Quitte Pas/If You Go Away'다.

나를 떠나지 마세요.

내가 당신의 그림자가 되게 해주세요.

절대 헤어지지 않고

당신의 그림자처럼 함께 있겠어요.

12개의 음계 속에 있는 음악, 열정 그리고 사랑

 스타 이즈 본 A Star Is Born, 2018

파격적인 패션 아이콘이며 트위터, 인스타그램, 페이스북을 통틀어 1억 5천만 명 이상의 팔로워를 거느리고 있고 그래미상을 여섯 번이나 수상한 뮤지션 레이디 가가Lady Gaga. 그녀가 2018년 음악영화 〈스타 이즈 본〉에서 영화의 주인공으로 나와 독보적인 음악세계를 뽐냈다.

ⓒ 아리조나
연주여행에서 앨리는
80년대 스타일의
빈티지 드레스를
입었다.

사랑의 위대함과 쓸쓸함을 노래하다

영화 〈스타 이즈 본〉이 관객에게 첫 선을 보인 것은 무려 82년 전인 1937년이다. 이 첫 편을 시작으로 1954년, 1976년, 그리고 브래들리 쿠퍼가 감독하고 제작한 2018년 버전까지 할리우드에서 벌써 세 번째 리메이크되었다.

〈스타 이즈 본〉은 사람들의 함성으로 가득한 뮤직 페스티벌에서 입에 약을 털어 넣고 공연을 시작하는 한 컨트리 뮤지션의 모습으로 시작한다. 알코올 중독에 시달리는 톱스타 잭슨(브래들리 쿠퍼Bradley Cooper)은 공연 후 한 술집에 들르고 그곳에서 '라 비 앙 로즈La Vie En Rose'를 부르는 앨리(레이디 가가)의 재능에 반한다. 잭슨은, 재능은 뛰어나지만 돈도 배경도 없고 외모도 자신이 없어 능력을 발휘할 기회가 없었던 앨리를 보자마자 단번에 재능을 알아보고 자신의 투어에 그녀를 초대한다. 앨리는 잭슨의 응원과 도움에 힘입어 그의 공연 메이트가 되고 폭발적인 가창력으로 관객들의 마음을 사로잡게 된다. 이때부터다. 둘의 존재감이 달라지기 시작한 것은.

잭슨이 알코올 중독과 청각 문제로 점점 무대와 멀어지는 반면 앨리는 인기 있는 팝스타의 길에 접어들면서 그들의 관계는 갈등으로 치닫는다. 스타의 반열에 오른 앨리는 전과 다른 댄스 팝으로 전향했고, 그녀의 노래 가사와 음악 스타일은 잭슨이 사랑했던 이전 형태와 확연히 달라진다. 이런 음악적 견해의 차이로 인해 두 사람의 관계는 금이 가기 시작한다. 바로 이 점이 2018년 〈스타 이즈 본〉이 전작들과 다른 점이다. 이전 세 편의 영화에서 스타 커플의 사이를 멀어지게 만드는 건 여성의 비상과 남성의 추락이었다. 그런데 이번은 다르다. 앨리의 음악 스타일이 이전과 다르게 변화되지만 잭슨은 여전히 그녀를 사랑하고 지지한다. 비록 알코올 중독과 자기 파괴적 충동으로 결국 자살을 택하긴 했지만.

82년 동안 세 번 리메이크된 영화가 모두 성공한 이유

20여 년 주기로 리바이벌 된 네 편의 〈A Star Is Born스타 탄생〉 영화가 모두 성공한 이유는 무엇일까? 대중은 왜 이 뻔한 이야기에 번번이 매혹되는가? 네 편 모두 동시대 가장 뜨거운 대중문화의 뒤편에서 벌어지는 이야기를 조명하는 동시에 당대 톱스타들을 영화에 출연시킴으로써 관객의 흥미를 자극하는 데 성공했기 때문이다. 1937년 〈스타 이즈 본〉은 1930년대 할리우드의 황금기를 배경으로 영화의 스타 커플을 조명했고, 1954년의 영화의 성공은 뮤지컬 영화가 강세였던 시대적 배경에 따라 뛰어난 노래와 연기 실력으로 뮤지컬 영화의 발전에 기여했던 당대의 주디 갈랜드Judy Garland를 히로인으로 내세웠다. 또 1976년 영화는 록 음악이 유행했던 시기로 당대의 디바, 바브라 스트라이샌드Barbra Streisand와 컨트리 뮤지션 크리스 크리스토퍼슨Kris Kristofferson을 시기적절하게 기용했다.

2018 〈스타 이즈 본〉에는 2013년 포브스에서 뽑은 세계에서 가장 영향력 있는 유명인사 100인 중 한 명으로, 여섯 번의 그래미상을 휩쓸며 퍼포먼스, 음악, 패션의 3박자를 갖춘 아티스트이자, 2017년 미국에서만 1억 명 이상이 본다는 미국 최대의 스포츠인 NFL 결승전 '슈퍼볼'에서 하프타임 퍼포먼스를 장악한 팝스타 레이디 가가가 출연했다.

오직 음악을 통해 주인공의 감정을 극대화하다

2018년판 〈스타 이즈 본〉의 성공은 무엇보다도 영화의 주인공을

맡은 신인감독 브래들리 쿠퍼의 공이 크다. 각본 작업에도 참여한 쿠퍼는 아티스트로서의 자신을 반영할 수 있다는 이유로 이 작품의 연출을 결정했다. 브래들리 쿠퍼는 무리하게 이야기를 비틀거나 색다른 감성을 추구하기보다는 오직 음악을 통해 주인공들의 감정을 극대화시켰다. 여자 주인공 캐스팅을 고심하던 브래들리 쿠퍼는 기금 모금 행사에서 레이디 가가가 '라 비 앙 로즈'를 부르는 공연을 보고 그녀의 캐스팅을 결심했다. 그는 촬영에 들어가기 전, 이 시대 최고의 팝 싱어 레이디 가가의 삶과 음악에 대해 많은 이야기를 나누었고 그녀의 에피소드 중 일부를 〈스타 이즈 본〉에 반영하기도 했다. 가가와 처음 만난 경험을 영화에서 그들이 만나는 첫 장면에 똑같이 대입시킨 것이다. 자신이 연기하는 주인공의 선택과 행동에 리얼리티를 불어넣은 셈이다.

브래들리 쿠퍼는 레이디 가가와의 캐스팅 인터뷰 이후 촬영 현장에서 모든 노래를 직접 부르기로 결정했다. 영화에 등장한 열한 곡 모두 레이디 가가와 브래들리 쿠퍼가 촬영 시 라이브로 직접 불러 동시 녹음을 했다고 하니 '음악영화'라는 장점을 살리기 위한 그의 노력을 알 만한 대목이다. 레이디 가가도 처음 쿠퍼의 노래 실력에 놀랐다고는 하지만 가수가 아닌 쿠퍼는 라이브 음악 실력을 위해 많은 노력을 기울였다. 그는 컨트리 음악의 전설인 윌리 넬슨의 아들 루카스 넬슨에게 영화 작업을 도와달라고 요청해 함께 곡을 쓰고 기타와 노래를 배웠다. 또 자신이 맡은 역할인 로커가 어떻게 소리를 내는지 연구하기 위해 록 가수 브루스 스프링스틴의 자서전을 읽기도 했다.

레이디 가가와 브래들리 쿠퍼의 라이브 동시 녹음

〈스타 이즈 본〉은 음악을 기대할 수밖에 없는 영화다. 1976년 바브라 스트라이샌드 주연의 영화 〈스타 탄생〉의 주제가인 'Evergreen'이 당시 아카데미 주제가상을 받은 사실도 이번 영화의 음악에 대한 기대감을 높였다. 2018년 〈스타 이즈 본〉은 공연장에서 뮤지션이 느끼는 감각을 그대로 전하고자 대형 공연장 속 인파를 컴퓨터그래픽으로 만들어내지 않고 실제 공연장에서 실제 관객들이 있는 가운데 촬영한 장면이 많다. 영화 속 공연 장면은 윌리 넬슨의 실제 무대의 막간, 또는 1976년 영화의 주연 배우였던 크리스 크리스토퍼슨의 무대에서 뮤지션이 잠시 쉬는 시간을 이용해 라이브로 촬영한 것을 활용했다. 가가의 공연장도 촬영

장소로 제공됐다. 또 대규모 엑스트라 배우를 동원하는 대신, 실제 레이디 가가의 팬들을 초청하기도 했다. 영화 속 주인공 앨리의 공연 청중들은 레이디 가가의 팬들로 채워져서 공연 그대로 녹음되었다.

1976년 개봉한 <스타 탄생>의 주인공 바브라 스트라이샌드와 레이디 가가의 외모는 닮은 면이 많다. 그리고 레이디 가가와 영화의 주인 공 앨리의 모습도 닮은꼴이다. 레이디 가가는 인터뷰에서 외모 때문에 스타가 되지 못할 거라고 생각하는 앨리의 에피소드가 10대 시절 오디션에서 번번이 떨어지던 자신의 경험과 비슷하다고 솔직하게 밝혔다. 또 영화 속 앨리가 자신의 큰 코를 가리키며 무대에 설 수 없다고 하는 대목이 있는데 레이디 가가도 실제로 같은 경험이 있다고 한다. 레이디 가가가 처음 뮤직비디오를 찍을 때 제작진이 코를 수술하라고 말했지만 그녀는 자신이 자랑스러운 이탈리아인이라며 코에 자부심을 가지고 자신의 정체성을 지켰다고 한다.

"비밀 하나 말해줄까요? 당신은 끝내주는 싱어송라이터예요."

자신의 앨범을 직접 작사 · 작곡하기로 유명한 레이디 가가는

〈스타 이즈 본〉에서도 음악 작업에 참여했다. 가가와 쿠퍼가 함께 부른 영화 주제가 'Shallow'는 2019년 그래미 선정 베스트 팝 듀오/그룹 퍼포먼스 부문상, 제76회 골든 글로브 선정 최고의 영화 주제가상, 제91회 아카데미 주제가상을 받았다. 이외에도 레이디 가가는 잭슨의 공연 마지막에 부르는 'Always Remember Us This Way', 'Look What I Found'와 영화의 마지막 장면에서 앨리가 잭슨을 그리워하며 부르는 'I'll Never Love Again'도 작곡했다. 가가와 쿠퍼의 'Shallow'는 2019년 3월 빌보드 싱글 차트 1위, 빌보드 앨범 차트에서도 1위에 올랐다. 아카데미 수상곡이 1위에 오른 것은 힙합가수 에미넴의 영화 〈8마일〉에 나온 'Lose Yourself' 이후 처음이다.

◎ 2019년 제61회 그래미상에서 레이디 가가의 팝/듀오그룹 퍼포먼스상 및 그래미 3관왕 수상 장면

◎ 영화 마지막 장면, 잭슨을 그리워하며 앨리가 부르는 노래 'I'll never love again'은 레이디 가가가 직접 작곡했다.

모든 디자이너가 사랑하는 패션 뮤즈, 레이디 가가

영화 〈이브 생 로랑〉, 화보 같은 이미지와 패션쇼의 화려함을 보여주는 영화 〈네온 데몬〉, 라프 시몬스의 패션 다큐멘터리인 〈디올 앤 아이〉 등 패션 관련 영화의상을 맡았던, 패션 영화의 대모격인 에린 베나치Erin Benach가 이번에는 모든 디자이너들이 사랑하는 뮤즈인 레이디 가가의 영화의상을 맡았다. 사실 레이디 가가는 음

악을 잘 모르는 어떤 이들에게는 파격적인 패셔니스타로 더 유명할지 모르겠다. 가가는 모든 스타일에서 경계를 무너뜨리는 파격 패션의 끝판왕이다. 155센티미터의 단신 때문인지 늘 12센티미터 이상의 킬 힐을 신고 얼굴 형태를 알 수 없을 정도의 화장 아닌 변장 메이크업을 하는 레이디 가가는 대중의 기대를 저버리지 않는 탁월한 비주얼 스타다. 그녀가 입는 모든 의상이 탄성과 엽기를 오간다는 평가를 받지만 그중에서도 MTV VMA비디오 뮤직 어워드에서 비디오상을 수상할 때 입은 생고기로 만든 드레스는 파격 그 자체로 대중들을 충격에 빠뜨렸다.

파격 패션의 끝판왕 레이디 가가의 변신

이런 그녀가 〈스타 이즈 본〉에서 화장기 없는 얼굴을 하고 평범한 의상을 입고 나온 것은 관객들에게 신선한 충격이었다.

1976년 영화에 가장 가깝게 리메이크된 영화이므로 의상은 70년대 스타일로 대부분 디자인되었다. 에린 베나치는 앨리 의상을 위해 70년대 빈티지 상점을 샅샅이 뒤졌다. 앨리의 웨딩드레스는 1976년 바브라 스트라이샌드가 입었던 보헤미안 스타일의 웨딩드레스와 비슷한 스타일로 만들었다. 잭슨과 애리조나 지역 연주여행을 시작할 때는 앨리에게 역마차 페스티벌 분위기가 물씬 나는 빈티지 의상을 입게 했다. 의상감독이 제일 신경 쓴 부분은 의상의 세부적인 변화를 통한 스토리 전개였다. 전반부 장면에서 무명이었던 앨리는 주로 티셔츠와 진 바지를 입고 있다. 인기를 끌기 시작하면서는 티셔츠와 진 바지 차림에 모자를 쓴다든지 티셔츠를 질끈 앞쪽으로 동여맨다든지 바지에 체인을 다는 것 등으로 디테일에 변화를 준 세련된 스타일로 변해갔다. 그러다가 점점 슈퍼스타로서의 유명세를 얻게 되자 값비싼

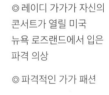

◎ 레이디 가가가 자신의
콘서트가 열릴 미국
뉴욕 로즈랜드에서 입은
파격 의상

◎ 파격적인 가가 패션

◎ 레이디 가가가 MTV
VMA에서 비디오상을
수상할 때 입은 생고기
드레스

디자이너 의상으로 변화되었다. 또 록 스타의 무대 의상과 평상복의 차이를 분명하게 보여주고자 무대에선 아주 고급스런 의상을 입고 나왔다. 에린 베나치 의상감독은 될 수 있으면 사람들이 쉽게 알아볼 수 있는 브랜드의 의상은 사용하지 않았다. 단, 인스타그램에서 알려진 미아우Miaou 브랜드의 실버 체인 디테일이 있는 줄무늬 바지와 그래미상을 받을 때 입은 구찌 맞춤 드레스는 예외였다.

한결같은 잭슨의 의상

잭슨은 무지나 어두운 색상, 내추럴 색상의 티셔츠 또는 어두운 톤 셔츠나 데님 셔츠를 청바지 위로 꺼내 입었다. 재킷으로는 브라운 색상의 송아지가죽 재킷, 내추럴 색상의 스웨이드 재킷, 면 재킷을 입었다. 또 검정 카우보이 부츠도 신었는데 이 모습들은 잭슨이 어린 시절, 목장에서 자란 배경을 암시한 것이다. 특히 어두운 초록색 체크 셔츠를 입은 잭슨의 모습이 영화에 여러 번 나온 것은 잭슨이 습관적인 사람인 것을 알려주는 도구다. 가장 잭슨다운 의상은 평범한 무지 티셔츠인데 이 티셔츠는 그가 솔직한 사람임을 보여주는 것인 동시에 그의 내리막길을 보여주는 것이기도 했다.

어떤 사람을 만나는가에 따라 인생이 바뀔 수 있다고 한다. 자신이 빛을 잃더라도 상대를 빛나게 하는 주인공의 모습에서 사랑의 위대함과 씁쓸함을 다시 한번 짚어본다.

네 편의 〈스타 이즈 본〉에서 가장 성공한 배우는 레이디 가가다. 영화배우가 되고 싶었던 꿈을 브래들리 쿠퍼를 통해 이룰 수 있었고 영화를 통해 다시 한번 그녀의 폭발적인 가창력과 싱어송

◎ 표범무늬 바지와 모자, 묶은 티셔츠를 입은 가가와 늘 입는 라운드 티셔츠와 재킷을 입은 쿠퍼

◎ 미아우 브랜드의 체인 디테일이 있는 핀스트라이프 바지

◎ 크롭 톱과 가죽재킷을 입은 앨리

◎ 어두운 초록색 체크 셔츠를 입은 잭슨

라이터로서 실력을 인정받았기 때문이다. 레이디 가가가 인터뷰를 통해 했던 말에는 큰 시사점이 있다. "100명의 사람이 방 안에 있을 때 99명이 당신을 믿지 않아도 믿어주는 한 사람이 있다면 당신은 성공할 수 있다. 그가 바로 쿠퍼였다. 그는 나를 믿었고 그를 통해 나는 꿈을 이루었다."

왜 비틀즈인가?

 비틀즈: 에잇 데이즈 어 위크-투어링 이어즈
The Beatles: Eight Days a Week–The Touring Years, 2016

공간과 세대를 아우르는 음악을 우리는 '클래식'이라고 부른다. 클래식은 작곡가와 연주가뿐 아니라 클래식을 듣는 애호가들에게도 감수성과 통찰력을 선물한다. 이런 점에서 역사상 가장 많은 음반을 판매한 아티스트이며 10여 년의 활동 기간 동안 'Let It

◎피에르 가르뎅이 영국 학교 유니폼에서 영감을 받아 디자인한 칼라 없는 슈트는 비틀즈 밴드의 시각적 상징이 되었다.

Be', 'Yesterday'를 포함한 총 21곡으로 '빌보드 싱글 차트 핫 100'에서 가장 많은 1위를 차지했고 2년 2개월 동안 빌보드 최장기간 1위를 석권했으며 'Yesterday'를 리메이크한 아티스트가 3,000여 명 이상일 정도로 팝 음악계에서 막강한 영향력을 끼치고 있는 비틀즈를 '팝의 클래식'이라고 부르는 데 이의를 제기할 사람은 없으리라 본다.

팝의 클래식, 비틀즈

영국 리버풀 출신의 존 레논John W. Lennon, 폴 매카트니James Paul McCartney, 조지 해리슨George Harrison, 링고 스타Ringo Starr로 구성된 전설적 록밴드 비틀즈의 음악, 패션, 말투, 행동은 1960년대 전 세계 젊은이들을 사로잡았다. 이들이 무대에서 활동했던 1963년부터 1966년까지의 치열했던 공연 기록을 담아 비틀즈를 재조명한 다큐멘터리 영화가 〈비틀즈: 에잇 데이즈 어 위크-투어링 이어즈〉다.

'로큰롤'과 '리듬 앤 블루스' 같은 미국 흑인 음악을 토대로 음악 활동을 시작했지만, 이후 비틀즈는 밝고 활기찬 에너지를 불어넣은 자신들만의 고유한 사운드를 만들어 내며 1963년 데뷔 앨범 'Please Please Me'로 영국 앨범차트에서 연속 30주 1위를 차지했다. 이어 2집 'With the Beatles'가 21주 동안 또다시 1위를 차지하며 연속 51주 1위라는 기염을 토하면서 전 유럽을 제패하기 시작했다. 이후 'I Want To Hold Your Hand'가 '빌보드 싱글 차트 핫 100'에서 1위를 차지하며 60년대 초반 로큰롤의 인기가 사그라지던 미국 음악 시장에 융단폭격을 가했다. 미국의 젊은이들은 열광했고, 미국 도처에서 비틀즈의 음악이 흘러나왔다. 이른바 영국에서 시작된 '비틀마니아'의 확산이자 영국인에 의해 미국 팝 음반

시장이 점령당한 '영국 침공British Invasion'이었다.

한국 아이돌의 모태 '비틀마니아'

한국 아이돌의 모태가 되는 '비틀마니아'의 시작은 1963년 10월 런던 팔라듐 공연이 생방송됐던 날부터다. 1,500만 명의 영국 시청자가 지켜본 라이브 실황에서 광적인 군중들이 보인 전례 없는 대혼란을 두고 영국 언론들은 일제히 '비틀마니아Beatlemania'라는 용어를 사용해 보도했다. 비틀마니아만큼 엄청난 팬의 규모는 그 전에도 그 후에도 없다. 미국의 비틀즈 열성팬은 영국보다 훨씬 더 광적이고 과격했다. 공연장에 몰려들어서 담장을 무너뜨리기가 일쑤여서 비틀즈는 흥분의 도가니였던 콘서트 현장에서 안전하게 빠져나가려고 구급차를 이용해야만 했다. 론 하워드Ron Howard 감독은 비틀즈의 열광의 투어공연 무대를 다큐멘터리로 제작했다. 그는 1964년 2월 9일, 비틀즈가 처음 미국에 도착해 '에드 설리번 쇼'에 출연했던 역사적 순간, 텔레비전 앞에 모여 앉은 미국인 7,400만 명 중 한 사람이었다. 비틀즈에게 첫눈에 반했던 이 아홉 살 꼬마는 그로부터 50년 후 비틀즈 다큐멘터리를 제작했다.

이 영화 이전에도 음악 다큐멘터리 역사에서 빼놓을 수 없는 고전으로 남아 있는 〈하드 데이스 나이트〉, 〈헬프!〉, 〈매지컬 미스터리 투어〉, 〈렛 잇 비〉 등 비틀즈를 주제로 한 음악영화는 많다. 그런데 이번 〈비틀즈: 에잇 데이즈 어 위크〉는 이전 비틀즈 영화와는 성격이 다르다. 이 영화가 전편들과 확연히 다른 점은 비틀즈 팬들이 갖고 있는 영상을 모아 비틀즈의 전성기를 재구성했다는 점이다. 제작진은 그들이 가지고 있던 자료의 양도 엄청났지만 당시 비틀마니아로 불리며 사회적 현상으로 관심을 받았던 팬들이 현재까지 소장하고 있는 자료가 큰 가치가 있을 것이라고 판단했다. 제작진은 우선 SNS를 통해 비틀즈의 사진이나 영상 자료들을 공개적으로 구하는 작업을 했고, 전 세계 팬들이 소장하고 있는 2,000여 점의 공연 사진과 영상을 얻었다. 언론사와 국립 자료원 수집 영상과 비틀즈 멤버들의 개인 소장 자료를 더해 100시간이 넘는 분량의 미공개 영상들을 바탕으로 1963년부터 1966년까지 4년 동안 투어 무대의 비틀즈를 담았다.

'우리'로 만들어지는 폭발적 시너지

'관객들이 비틀즈의 라이브 공연에 참석하고 있다는 기분을 느끼게 하고 싶다'고 연출 의도를 밝힌 하워드 감독은 공연을 직접 관람하는 것보다 더 생생한 현장감으로 관객을 초대했다. 최고의 기술력을 동원해서 비틀즈의 공연 실황 장면을 재생한 것은 물론이고 당시의 팬덤 현상을 기억하는 유명 인사들의 회고담과 비틀즈 멤버들의 코멘트, '비틀즈 현상'이 끼친 사회적 영향을 설명하는 내레이션까지 적절하게 배치해 비틀즈의 순수한 열정과 고뇌에 찬 방황, 록의 전설로 평가받는 과정을 담아 비틀즈 신화를 재현했다. 관객들이 이 영화를 보면서 가장 놀란 장면은 비틀즈 공연장에서 폭발적 반응을 보이는 비틀마니아의 모습이다. 비틀즈 이전과 이후, 세계적인 어떤 아이돌 그룹도 이만큼 위력을 가지지 못했기 때문이다. 이 영화에는 멤버들의 사생활은 거의 나오지 않고 멤버 각자의 개성보다는 네 명의 조합으로 만들어진 폭발적인 시너지가 부각되었다.

애플의 전 CEO 스티브 잡스의 사업을 위한 모델은 비틀즈였다. "그들은 서로의 부정적인 경향을 점검하면서 서로의 균형을 이루었다. 그들의 합체는 부분들의 합을 훨씬 능가했다."

1960년대의 시대적 배경과 함께

비틀즈가 폭발적인 성공을 거둔 요인은 무엇일까? 가장 큰 요인은 당연히 그들의 음악 자체다. 활기찬 에너지, 누구나 공감할 수 있는 노랫말과 아름다운 멜로디, 멤버들의 화음, 네 명이 구사하는 베이스, 드럼, 리드 기타, 리듬 기타의 완벽한 앙상블…. 특히 비틀즈 멤버들은 전부 자작곡을 연주한 데다가 멤버 전원이 노래를 부른 첫 로큰롤 밴드였지 않은가? 그런데 그들의 성공에는 '1960년대'라는 시대적 배경도 함께한다.

비틀즈가 활동한 영국의 1960년대는 기존의 가치관에 대항하는 대중적 분위기가 형성되던 시기였다. 1950년대 후반 영국 경제정책이 실패로 돌아가면서 많은 10대들은 학교를 졸업하고도 일자리를 얻을 수 없었다. 때마침 군대 징집 제도까지 폐지되어 갈 데 없고 할 일 없는 젊은이들이 갑자기 늘어난 시간을 보내기 위해 음악으로 눈을 돌렸기 때문에 로큰롤이 성장할 수 있는 기반이 형성된 것이었다. 게다가 1960년대에 접어들면서 영국 경제는 부흥기를 되찾았고 대중문화가 주목받기 시작했을 때 결정적으로 비틀즈가 등장했던 것이다.

◎ 비틀즈의 미국 도착
장면

　본토 영국보다 더 큰 파장을 일으켰던 미국의 비틀마니아는 영국과는 다른 배경에서 탄생했다. 영국의 경우 가치관의 변화와 경제 성장이 비틀마니아를 자극했다면 미국의 비틀마니아는 새로운 사회 돌파구에 대한 갈망에서 비롯되었다. 1963년 11월 케네디 대통령 암살 사건은 비틀마니아를 촉발시킨 커다란 요인이 되었다. 이 사건으로 미국의 진보 정신이 산산이 부서졌고 바로 이런 시기에 등장한 비틀즈는 케네디 사망 후 미국을 짓눌렀던 염세주의의 완벽한 치유책이 되었던 것이다.

비틀즈의 모즈 룩 탄생

전 세계를 열광시켰고 여전히 최고라는 수식어를 받고 있는 비틀즈는 로큰롤 황제일 뿐 아니라 패션 유행선도자였다. 1960년대 이들의 패션스타일은 전 세계, 전 세대에 영향력을 끼쳤고 현재까지도 패션의 기준점이 되고 있다.

1960년대 대중문화의 확산, 팝송의 붐과 더불어 청년들은 문화의 아이콘 비틀즈가 선보인 '모즈 룩mods look'에 열광했다. 비틀즈는 모즈 룩으로 대표되는 비틀즈 룩을 크게 유행시키며 1960년대 스타일 아이콘으로 자리 잡았다. 바가지머리에 말쑥한 신사복 차림의 모즈 룩은 그들의 대표 스타일이다. 다듬어지지 않은 더벅머리 청년들이 세련된 아이돌이 될 수 있었던 데는 그들의 매니저 브라이언 엡스타인Brian Epstein의 역할이 컸다. 유명해지기 전인 50년대 후반 비틀즈의 스타일은 당시 미국의 팝스타로 떠오른 엘비스 프레슬리의 영향을 받아 가죽재킷 정도를 걸치는 반항아 스타일, 또는 저급한 사회적 지위에서 비롯된 심리적 위축과 불안, 엘리트층에 대한 반항을 표현하는 테디 보이 스타일이었다. 아래로 좁아지는 바지, 벨벳 칼라가 달린 기다란 싱글 브레스티드 재킷과, 조끼, 신발 끈처럼 가느다란 넥타이, 헤어스프레이를 과도하게 사용하여 옆머리를 빗어 넘기고 앞머리를 세운 테디 보이 스타일을 한 그들은 다른 음악밴드들과 차별화되는 모습이 아니었다.

의상을 통한 밴드 이미지를 확립하다

그런데 매니저 브라이언 엡스타인이 밴드에 영입되면서 비틀즈 스타일이 달라지기 시작했다. 브라이언 엡스타인은 유능한 매니저이자 비주얼 디렉터였으며 스타일리스트였다. 그는 비틀즈가 음악

밴드로서 좀 더 프로다운 모습을 갖추기 위해서는 의상을 통한 밴드 이미지를 갖추는 게 급선무라고 생각했다. 영국 신사의 전형으로 항상 기품이 넘쳤던 엡스타인은 멤버들에게 단정하게 딱 달라붙는 슈트와 타이 정장을 입히고 머리 윗부분이 풍성한 짧게 자른 바가지머리를 하도록 하여 비틀즈의 우아하고 독보적인 실루엣을 완성했다. 비틀마니아의 격동적 시기에 어두운 색상의 단정한 슈트 차림의 모즈 룩이 형성된 것이다. 비틀즈는 처음에는 모직으로 된 검정 슈트를 입었고 점차 칼라 없는 그레이 슈트를 입었다. 이 슈트는 그전까지 유행하던 가죽바지, 체크셔츠, 슬랙스를 대신해서 1964년 이후 다른 밴드 사이에서도 유행하는 의상이 되었다. 1960년 피에르 가르뎅Pierre Cardin이 영국 학교 유니폼에서 영감을 받아 디자인한 칼라 없는 슈트는 비틀즈 밴드의 시각적 상징이 되었다. 비틀즈의 양복 제작자인 더글러스 밀링즈Douglas Millings는 피에르 가르뎅 스타일을 본떠 검정 슈트 대신 회색으로 변경해 밴드의 의상을 만들었다.

음반뿐 아니라 패션 트렌드까지 팔다

전에 없던 이 파격적 스타일은 차차 젊은이들 사이에서 선풍적인 인기를 끌며 전 세계적으로 모방되었다. 바가지머리인 몹톱mop top 헤어스타일부터, 칼라 없는 슈트, 네온 칼라 슈트에 이르기까지 비틀즈 네 명은 패션사에 잊을 수 없는 족적을 남겼다. 비틀즈는 음반을 파는 것뿐 아니라 패션 트렌드를 팔았던 것이다. 수많은 따라쟁이들은 비틀즈의 의상 특징인 스키니 정장 슈트, 굽이 약간 높은 비틀 부츠Beetle Boots, 바가지머리 스타일, 수염, 심지어 존 레논의 상징인 동그란 안경까지 모방했다.

◎당시 전 세계 청년의 헤어스타일이 된 비틀즈의 몹톱 헤어

◎비틀 부츠

◎흰색 슈트를 입고 아이콘 안경을 낀 존 레논과 그의 부인 오노 요코

◎ 단정하게 딱 달라붙는
검정슈트와 타이 정장을
입히고 몹톱 헤어를
한 비틀즈의 우아하고
독보적인 모즈 룩

"세상에 평화를 가져올 수 있다면 기꺼이 온 세상의 광대가 되겠다"

투어 시기 이후인 1967년 'Sgt. Pepper's Lonely Hearts Club Band' 앨범에서부터 비틀즈는 반체제 경향의 음악을 선보였다. 이 시기 비틀즈가 사귀게 된 밥 딜런Bob Dylan의 영향이었다. 밥 딜런과의 조우 이후 비틀즈의 음악은 소비지상주의에 반대하고 자연과 영혼사상에 가까이 가는 자유의지론자의 성격을 띠게 되었다. 이때부터 비틀즈는 그들이 탐닉한 환각 유발성 마약에 기반을 둔 다양한 색상의 사이키델릭 의상 연출을 하기 시작했다. 1967~68년 비틀즈의 사이키델릭 시기에 그들은 밝은 색상 의상, 페이즐리 무늬 슈트와 셔츠, 꽃무늬 바지를 입었다. 또 인도에서 영감을 받은 칼라가 달리지 않은 셔츠와 샌들 스타일도 즐겼다. 유명한 비틀즈 의상 중 하나인 컬러풀하게 수놓아진 밴드 재킷은 당시 주요 사상이던 히피 운동에서 영향을 받았다. 비틀즈의 영향으로 사이키델릭 색상으로 된 페이즐리 무늬, 꽃무늬 셔츠, 비즈 달린 목걸이, 벨벳 재킷이 남성복에서 크게 유행했다. 후에 마이클 잭슨도 1967년 'Sgt. Pepper's Lonely Hearts Club Band' 앨범 재킷에 나온 의상을 따라 입었다.

비틀즈 멤버 폴 매카트니의 딸로서 세계적인 디자이너인 스텔라 매카트니Stella McCartney는 비틀즈의 1967년 앨범 재킷에 나온 의상에서 영감을 받아 갭Gap 어린이용 디자인을 출시했다. 이 디자인은 인기가 대단해서 어른들마저도 엑스트라 라지 사이즈를 구해 입을 정도였다.

비틀즈는 그들의 의상을 밴드의 정체성 표현에 활용했고 또 음악의 변화에 따라서 의상 스타일을 변화시켰다. 존 레논은 비틀즈를 떠나 독립하던 시기에 의상과 머리로 자신을 차별화했다. 면도를 하지 않고 머리를 기른 채 부인 오노 요코가 좋아하는 검정과

◎ 비틀즈의 히피 룩
스타일

◎ 비틀즈가 1967년
앨범재킷에 선보인
의상스타일로 인해
사이키델릭 색상과
네루재킷이 남성복에서
크게 유행했다.
후에 마이클 잭슨은
이 스타일을 즐겨
차용했다.

◎ 비틀즈 활동
후반기에는 밝은 색상과
페이즐리 무늬, 꽃무늬
셔츠, 비즈 달린 목걸이,
벨벳 재킷이 남성복에서
크게 유행했다.

◎ 2019년 비틀즈를
기념하기 위해 출시된
스텔라 매카트니 컬렉션

◎ 비틀즈가 유행시킨
네루재킷의 원조는
네루 수상이다.
버락 오바마 대통령과
네루 수상

◎ 네루 스타일 재킷을
입은 비틀즈

흰색 의상을 즐겼다.

하나 더 있다. 인도 수상 네루가 즐겨 입던, 만다린 칼라와 앞여
밈 부분에 작은 단추가 길게 달린 긴 재킷은 비틀즈가 입고 유행
을 시키기 전까지는 인도에서도 유행하지 않던 옷이다. 하지만 비
틀즈가 입은 이후 이 의상은 현재까지도 유명 디자이너의 런웨이
무대에 단골로 올라오는 스타일이 되었다.

영화의 마지막은 1969년 1월 30일, 센트럴 런던의 애플 본사 옥
상에서 있었던 라이브 공연 실황 장면이다. 'Don't Let Me Down'
의 강렬한 사운드와 자신들의 음악에 심취한 듯 행복한 표정으로
연주하는 비틀즈의 모습이 인상적이다. 이 모습은 비틀즈 신화의
마지막 장으로서 꽤 적절한 선택이다. 혹자는 영화에서 그들의 경
영 참여의 실패, 곤경이나 사생활, 팀원 간의 불화가 소개되지 않
아 전기 영화로서 정확성이 떨어진다고 비난하기도 하지만 꼭 중
요하지 않은 문제까지 언급되어야 할까? 팝계의 클래식 밴드, 전
세계적으로 영향을 미친 그들의 패션과 문화, 그들이 창조한 신화
이상 더 중요한 것이 어디 있단 말인가?

© 1965년 영국인들이
가장 명예롭게 생각하는
MBE 메달을 받은
비틀즈 멤버들

© 1991년 'I'm Your
Baby Tonight'
투어공연에서 입은
스팽글 달린 점프슈트

언제나 당신을 사랑하겠어요

● **휘트니** Whitney, 2018 · **보디가드** Bodyguard, 1992

팝 역사상 가장 위대한 디바는 누구일까?

그래미상 6회 석권, 빌보드 싱글차트 연속 7회 1위, 음반 누적 판매량 1억 7천만 장, 솔로 아티스트로 빌보드 음악상 사상 최다인 한 해 11개 수상, 아메리칸 음악상 사상 최다 21개 수상, 신이 내린 재능으로 영혼을 울리는 힘 있는 목소리, 정교한 감정 처리로 알앤비R&B, 댄스, 어덜트 컨템포러리Adult Contemporary Music, 대중이 쉽게 접근할 수 있는 성향의 소프트 록, **가스펠**gospel, 기독교 음악 등 다양한 스타일의 음악을 완벽하게 소화한 디바. 바로 팝의 여제 휘트니 휴스턴Whitney Houston이다.

2018년 영화 〈휘트니〉는 슈퍼스타로서 성공했지만 불행한 가족사를 안고 살아야 했던 휘트니 휴스턴의 일생을 가감 없이 전하고 있는 다큐멘터리 음악영화다.

영화는 휘트니 휴스턴이 데뷔하기 전 유년기 시절부터 가수로 데뷔해 스타가 되기까지의 찬란한 순간들과 비하인드 스토리, 바비 브라운Bobby Brown과의 고통스런 결혼 생활, 마약 중독에서 비롯된 고뇌의 시간들과 비극적인 최후를 맞이하기까지 시간의 흐름에 따라 진행된다. 감독과 배우로서 미국 아카데미상, 영국 아카데미상, 골든 글로브상을 섭렵했던 케빈 맥도날드Kevin McDonald가 메가폰을 잡아 휘트니 휴스턴의 라이브 공연, TV 출연 등 공식적인 기록 영상과 개인적으로 촬영한 동영상 그리고 그녀를 회고하는 가족, 친구, 동료 등 30여 명의 인터뷰를 통해 어린 시절부터

2012년 2월 비극적으로 생을 마감할 때까지 휘트니 휴스턴의 삶을 추적했다. 인터뷰에 참여한 동료와 가족에는 휘트니 휴스턴에게 음악적 영감을 주었던 가수 마빈 게이Marvin Gaye, 매니지먼트 스태프, 어머니 씨씨 휴스턴Cissy Houston과 두 오빠, 전 남편 바비 브라운, 영화 〈보디가드〉에 함께 출연했던 케빈 코스트너Kevin Costner가 포함되었다. 1,500여 개의 비디오 테이프, 250여 개의 원본 영상, 2,000여 장의 스틸 사진이 영화에 사용되었다.

특히 'I will always love you', 'I have nothing', 'The Greatest love of all' 등 주옥같은 음악을 담은 공연 실황 영상은 관객들을 황홀하게 한다. 다큐멘터리 영화 〈휘트니〉는 2018년 5월 '칸 국제 영화제'에서 처음 공개되었다.

415번 수상 기록으로 기네스북에 오르다

415번 최다 수상 기록으로 기네스북에 오른 휘트니는 1985년 데뷔 앨범에서 발표한 노래 중 세 곡이 빌보드 차트 1위를 기록했다. 음반 발매 첫 주에 영미 차트 1위를 동시에 차지한 것은 비틀즈나 마이클 잭슨도 세우지 못한 기록이다. 2집 'Whitney(1987)'에서는 더 나아가 같은 앨범에서 네 곡이 빌보드 싱글 차트 1위를 기록했다. 이로써 휘트니 휴스턴은 마이클 잭슨의 뒤를 이어 마돈나, 프린스와 함께 80~90년대를 대표하는 가수의 반열에 올랐다. 이후 1992년 '보디가드'가 미국에서 발매된 사운드 트랙 사상 최고의 음반 판매고 1,700만 장을 기록하면서 휘트니는 타의 추종을 불허하는 독보적인 가수로 군림하게 되었다. 그녀의 노래 중 'Saving All My Love For You(1985)', 'How Will I Know(1986)', 'Greatest Love Of All(1986)', 'I Wanna Dance With Somebody(Who Loves Me)(1987)', 'Didn't We Almost

Have It All(1987)', 'So Emotional(1988)', 'Where Do Broken Hearts Go(1988)', 'I'm Your Baby Tonight(1990)', 'All The Man That I Need(1991)', 'I Will Always Love You(1992)', 'Exhale(Shoop Shoop)(1995)' 등 11곡이 '빌보드 팝 싱글 차트' 1위에 선정되었다. 또 그녀는 '빌보드 싱글 차트 Top 11'에 동시에 세 곡을 올려놓은 최초의 아티스트이기도 하다.

'디바' 호칭을 받은 최초의 가수

휘트니가 활동한 시기 중에서도 1991년과 1992년은 그녀가 가수로서 전환점을 가진 시기다. 1980년대 미국 음악계에서 흑인 여자 솔로 가수는 그 존재 자체가 금기시되었다. 하지만 휘트니 휴스턴의 등장으로 이 암묵적 금기는 산산조각이 났다. 그녀는 오페라의 주역인 프리마돈나에게 붙여졌던 '디바'라는 호칭을 받은 최초의 가수였고, 흑인이면서도 고급스러운 발라드를 불러도 대중의 마음을 사로잡은 선보인 팝 역사상 최고의 디바였다.

1991년 걸프전의 여파로 미국 전역에서 애국 분위기가 충만하던 시기에 미식축구 NFL의 결승전 '슈퍼볼'에서 휘트니 휴스턴이 부른 미국 국가는 역대 국가 제창 가운데 최고의 전설로 남게 되었다. 당시 편곡을 담당한 작곡가는 기존의 3/4박자인 국가를 4/4박자의 가스펠풍으로 편곡해 분위기를 완전히 다르게 만들어 휘트니의 장점인 가창력이 돋보이게 했다. 한 음씩 힘주어 부른 필충만한 분위기의 노래는 국가에 대한 전 세계인의 인식을 바꿔놓았다. 동시에 이 전설은 흑인 사회에 크게 기여하게 되었다. 미국 국가의 가사에는 인종 차별과 노예제도의 영향이 담겨 있어 흑인들이 부르기를 꺼려했다. 그러나 흑인 디바가 미국을 대표해 부른 이 국가 하나로 전 세계가 흑인들에 대한 시선과 인식을 달리하게 되는 터닝 포인트가 되었던 것이다.

"절대 그녀에게서 눈을 떼지 말 것!", "절대 경호를 풀지 말 것!", "절대 사랑에 빠지지 말 것!"

영화 〈보디가드〉는 이런 휘트니 휴스턴의 인기를 단적으로 증명해 주는 영화이자 그녀의 커리어에 정점을 찍은 영화다. 백인 보디가드와 흑인 톱스타의 운명적인 사랑을 다룬 이 로맨스는 세계적으로 흥행에 성공했으며 휘트니 휴스턴이 부른 'I Will Always Love You'는 그녀의 대표곡으로서 휘트니 휴스턴을 최정상의 반열에 올려주었다. 믹 잭슨Mick Jackson이 메가폰을 잡고 휘트니 휴스턴과 케빈 코스트너가 주연을 맡은 이 영화의 OST는 빌보드 차트에서 14주 연속 1위를 기록해 세계적인 히트를 쳤고 휘트니 휴스턴은 이듬해 이 곡으로 그래미상을 수상했다.

"절대 그녀에게서 눈을 떼지 말 것!", "절대 경호를 풀지 말 것!", "절대 사랑에 빠지지 말 것!" 이 규칙을 마음에 되새겼지만 결국 보디가드와 세계적인 톱스타 여가수 레이첼의 이뤄질 수 없는 운명적인 사랑은 시작되었고 보디가드는 레이첼 저격을 막기 위해서 몸을 날려 대신 총을 맞고 사랑하는 여인을 구한다.

영화는 제작비 대비 17배에 달하는 수익을 얻었고 로맨스 명작으로 자리매김했다. 세계적으로 1,700만 장 이상이 복제된 사운드트랙은 현재까지 여전히 베스트 앨범이다. 영화의 주제가는 원래 가수 돌리 파튼Dolly Parton이 1973년 발표한 노래였다. 이 곡은 이 노래를 좋아했던 영화의 제작자이며 남자 주인공 역을 맡은 케빈 코스트너가 돌리 파튼에게 영화 삽입곡으로 허락을 받고 얻어냈다. 이렇게 만들어진 'I will always love you'는 여가수 노래 사상 최고의 싱글 판매량을 얻었다.

30년 이상 대중을 매혹한 패션 스타일

한 세기를 풍미했던 휘트니 휴스턴이 남겨놓은 것은 아름다운 노래와 빼어난 패션 스타일이다. 그녀는 자신만의 패션 스타일을 세계적으로 유행시킨 '패션 아이콘'이었다. 음악과 연기를 넘어서 휘트니의 상징적인 패션 스타일은 관중들을 30년 이상 매혹했다. 팝의 여제로서 사랑받는 내내 변해가는 그녀의 패션 스타일은 항상 유행의 중심에 있었다. 휘트니 휴스턴의 첫 데뷔가 패션모델이었던 것도 그녀가 패션리더가 된 것과 무관하지 않아 보인다. 그녀는 '디바'라는 지위에 걸맞은 스타일을 잘 알고 있었다. 1985년 데뷔 앨범에서부터 그녀는 커다란 어깨, 몸에 딱 붙는 섹시한 드레스, 스팽글, 풍성하게 부풀린 머리로 대표되는 80년대 글램 룩의 전형을 보여주면서 유행 아이템을 절묘하게 매치시켜 그녀만의 스타일을 만들어냈다. 1980년대는 패션계에서 최악의 시대로 회자되고 있다. 그런데 패션계에서 악명 높게 평가되는 어깨 부분이 강조된 재킷마저도 그녀가 입으면 멋진 패션 스타일로 변했다. 1988년 런던 투어에서 입은 과장된 어깨 패드가 달린 그레이 투피

◎ 1991년 슈퍼볼 하프타임 퍼포먼스에서 부른 휘트니의 미국 국가 제창은 국가에 대한 전 세계인의 인식을 바꾸는 계기가 되었다.

◎ 영화 <보디가드> 장면

스에 부츠로 코디를 완성한 모습은 80년대를 풍미한 그녀의 대표적 스타일 중 하나다.

청바지와 청재킷이 유행했던 시기에 맞춰 그녀가 1990년 'I'm Your Baby Tonight' 뮤직비디오에서 입은 찢어진 청바지와 갈색 가죽 재킷의 센스 있는 스타일링은 패션 피플을 열광케 했다.

수잔 니닌저Susan Nininger가 영화의상을 맡은 〈보디가드〉의 아이코닉 의상, 일명 'Queen of the Night' 무대의상은 1980년대의 의상 특징을 미래적으로 해석한 작품이다. 디자이너 크리스 길만Chris Gilman이 디자인한 이 의상은 휘트니가 즐겨 입었던 초기 무대의상과 1927년 독일 영화감독 프리츠 랑Fritz Lang 작품의 〈메트로폴리스Metropolis〉에 나온 의상에서 각각 영감을 얻어 제작되었다. 가슴 부분은 플라스틱으로, 코르셋 부분은 옷감으로, 회색 속옷은 메탈로, 칼라과 벨트는 크롬으로 제작되었고 긴 장갑, 메탈로 된 스커트 장식과 팔뚝 커프스, 높고 긴 부츠, 실버 머리 장식의 액세서리로 구성된 이 의상은 아트데코 스타일의 중세기사의 갑옷, 나아가서는 미래 패션의 느낌을 준다.

휘트니의 '레이디 라이크 룩'

휘트니는 1985년 그녀의 첫 앨범이 나온 이후 즉각적으로 음악과 패션 분야에서 메가스타가 되었다. 특히 인기 절정에 있었던 90년대의 여성적 패션 아이템인 '스팽글 드레스'와 '레이디 라이크 룩'은 경이롭기까지 하다. 그녀는 자신의 장점인 큰 키와 긴 팔 그리고 가는 다리를 돋보이게 하는 우아함과 여성스러움을 강조하는 드레스를 자주 착용했다. 그녀의 미모와 스타일이 최대한 반영된 '여성적인 룩'으로 자신만의 패션을 구축한 것이다. 여기에 스팽글 장식을 더해 활기 넘치면서도 화려한 무대를 연출했다. 무대에서

◎ 영화 <보디가드>의
아이코닉 의상

◎ 1990년
뮤직비디오에서 입은
찢어진 청바지와 갈색
가죽재킷의 센스 있는
스타일링

◎ 1988년 런던
투어에서 입은 과장된
어깨 패드가 달린
그레이 투피스. 표면의
장식과 부츠로 코디한
휘트니의 80년대
대표적 스타일

◎ 1986년 LA에서
열린 아메리칸 뮤직
어워드에서 한쪽 어깨만
드러낸 푸른 리본
드레스를 입고 있다.

◎ 1986년 휘트니의
첫 번째 그래미상 수상
때 입은 여성미 넘치는
그리스풍 드레스

◎ 1994년
<보디가드>로
그래미상을 받을 때
스팽글로 뒤덮인 몸에
꼭 달라붙는 흰색
드레스를 입은 휘트니

의 빛나는 스타일 외에도 스트리트 패션을 이끌었던 그녀는 과하지 않게 섹스어필한 의상을 입을 줄 아는 여성이었다. 1991년 브릿 어워드Brit Awards에서 딱 달라붙는 가죽 드레스를 입은 그녀의 모습은 군더더기 없는 매력을 보여주었다.

2000년대에 들어서 친정을 비롯한 남편과의 가정불화, 이로 인한 마약중독 등으로 많은 어려움을 겪고 있을 때도 그녀의 음악적 재능과 패션은 여전히 진가를 발휘했다. 2003년 월드뮤직 어워드 시상식에서 입은 그녀의 금빛 홀터 드레스와 드레스에 딱 어울리는 팔찌를 한 모습이나 2009년 LA에서 열린 '세계에서 가장 인기 있는 아티스트 시상식'에서 입은 흰색 레이디 라이크 드레스 역시 타의 추종을 불허하는 군더더기 없는 패션 감각을 보여준다.

휘트니, 당신 잘못이 아니야

휘트니에게 가족은 대스타로서의 발판인 동시에 그녀를 비극으로 이끈 씨앗이었다. 그녀의 어머니는 가스펠 가수인 씨씨 휴스턴이며 사촌은 디온 워윅과 디디 워윅이고, 대모는 전설의 가창력을 가진 아레사 프랭클린이었다. 휘트니는 이런 음악 가족의 DNA를 가지고 데뷔를 했지만 동시에 사촌언니 디디 워윅에게 성추행을 당하면서부터 정신적 고통을 달래기 위해 어릴 때부터 마약의 길에 들어섰다. 또 2002년 아버지 러셀 휴스턴이 앨범 계약 위반을 주장하며 딸을 상대로 1억 달러(약 1,100억 원)의 손해배상 소송을 냈다. 거기에 그녀의 성공을 질투하는 남편이 주는 고통까지 온갖 비운으로 돌이킬 수 없는 마약의 구렁텅이에 빠지게 되고 이로 인해 목숨까지 잃게 된다.

휘트니 휴스턴은 2012년 비벌리 힐즈 호텔 욕조에 잠겨 의식을 잃은 채로 발견됐다. 그녀의 사인은 익사였지만, 부검을 통해 밝

© 1999년 메트로폴리탄 갈라 쇼에서 휘트니가 돌체 앤 가바나 디자인의 록 스타일 의상을 입고 있다.

© 1991년 휘트니가 입은 몸에 달라붙는 가죽 드레스 의상. 여성적인 동시에 록 스타일의 강한 이미지도 보인다.

혀진 정확한 사인은 마약이었다. 결국 그녀를 망친 마약이 그녀의 목숨마저 앗아간 것이다. 그녀처럼 가족으로 인한 고통으로 마약에 빠졌지만 어려움을 딛고 재기한 엘튼 존을 생각하면 그녀의 절망의 크기가 얼마나 컸는지 짐작된다.

48년 동안 그녀가 남긴 음악과 상징성은 아마 영원히 팝 음악사에 길이 기억될 것이다. 가수로서, 배우로서, 패션리더로서 화려하고 강렬한 삶을 살다가 간 휘트니 휴스턴의 아름다운 음성을 이제 두 번 다시 들을 수 없지만, 그녀가 최고의 디바라는 사실은 오늘도 변함없다.

◎ 휘트니 휴스턴과
바비 브라운의 결혼식

◎ 2000년 그래미
시상식에서 베스트 R&B
음악상을 받을 때 입은
핑크 드레스와 핑크색
모피는 화려하고 섹시한
레이디 라이크 특성을
잘 보여준다.

◎ 2003년 월드뮤직
어워드 시상식에서
입은 그녀의 금빛 홀터
드레스와 드레스에 딱
어울리는 팔찌

◎ 2009년 LA에서
열린 '세계에서 가장
인기 있는 아티스트
시상식'에서 입은 흰색
레이디 라이크 드레스.
이때는 휘트니의 병색이
완연해 보인다.

아티스트가 사랑하는, 살아 있는 팝의 전설

 로켓맨 Rocketman, 2019

"저는 알코올, 코카인, 섹스 중독입니다. 폭식증을 앓고 있고 분노 조절 장애도 있습니다."

◎ 별무늬 의상을 입고 우주로 떠나는 로켓맨 노래를 부르는 엘튼 존 역 태런 에저튼

팝의 아이콘 엘튼 존Elton John의 천재적 음악성과 드라마틱한 인생을 그린 음악영화 〈로켓맨〉에 나오는 첫 장면 첫 번째 대사다.

부모의 무관심으로 극심한 외로움에 떨었던 불우한 어린 시절

부터 좌절과 방황으로 고통 받던 청소년 시기, 성 정체성의 혼란, 스물셋 어린 나이에 슈퍼스타 반열에 올랐으나 모든 것들을 혼자 감당해야 하는 외로움과 그로 인한 자살시도, 술과 약물 과다복용…. 〈로켓맨〉은 살아 있는 전설 엘튼 존의 굴곡진 인생을 풍부한 감수성과 환상적인 음악으로 펼친 음악영화다.

지구인들에게 새로운 세계의 환상과 희망을 심어준 노래

〈로켓맨〉은 영화 〈보헤미안 랩소디〉의 후반 연출을 담당했던 덱스터 플레처Dexter Fletcher 감독이 맡았다. 플레처 감독은 엘튼 존이 1972년 발표한 노래 '로켓맨'을 영화의 제목으로 선택했다. '로켓맨'의 가사는 로켓맨이 멀리 우주로 떠나는 외로운 사람이면서도 그 외로움을 넘어 마침내 지구에 있는 이들에게 새로운 세계에 대한 환상과 희망을 주는 사람이라는 내용이다. 이 노래가 엘튼 존의 모습과 삶을 그대로 대변해주기에 우리에게 알려진 다른 멋진 노래들을 제치고 영화의 제목으로 낙점되었다.

엘튼 존에게는 따라다니는 수식어가 많다. 70년대 대중문화의 아이콘, 영국을 대표하는 천재 뮤지션, 세계적인 패션 아이콘 등. 무엇보다 그는 3억 5천만 장의 기록으로 세계에서 다섯 번째로 많은 음반을 판매한 가수다. 세계 제일의 음반 판매 가수는 1위가 비틀즈, 그다음이 엘비스 프레슬리, 마이클 잭슨, 마돈나 그리고 엘튼 존 순이다. 그는 아카데미상을 비롯해 그래미 어워드 5회, 골든 글로브, 토니상 등 명성 있는 음악상들을 받았고 80개국에서 3,500회 공연으로 음악 역사에 길이 남을 특별한 기록들을 세웠다. 또한 뮤지컬 〈빌리 엘리어트〉, 〈아이다〉, 〈라이온 킹〉의 노래도 작곡했다. 1994년 애니메이션 영화 〈라이온 킹〉에서는 주인공 심바와 그의 연인 날라가 부르는 이중창 'Can you feel the love tonight?' 등 영화에 수록된 곡으로 아카데미와 골든 글로브 음악상도 받았다. 1997년 뮤지컬로 재탄생한 〈라이온 킹〉이 전 세계 1억 명이 넘는 관객 수로 브로드웨이 역대 최고 관객 수를 자랑하고 있는 것에는 엘튼 존 음악의 역할이 크다고 할 수 있다. 그는 1998년에는 엘리자베스 여왕 2세로부터 기사 작위까지 받았다.

인생의 고비마다 등장하는 주옥같은 히트곡

환상적인 무대, 개성 넘치는 패션과 드라마틱한 스토리까지 엘튼 존에 관한 모든 이야기를 담은 〈로켓맨〉은 엘튼 존이 직접 제작에 참여했다. 그는 동성 남편이자 제작자인 데이비드 퍼니시David Furnish와 함께 캐스팅부터 연출, 각본까지 세세한 조언을 아끼지 않으며 영화의 리얼리티를 높였다.

뮤지컬 스타일로 만든 음악영화 〈로켓맨〉은 엘튼 존의 명곡을 적재적소에 배치하면서 그의 삶을 입체적으로 그려냈다. 영화의 제목이기도 한 'Rocket man'을 비롯해 'Your Song', 'Goodbye Yellow Brick Road', 'Saturday Night's Alright for Fighting', 'Crocodile Rock' 등 현재까지도 전 세계 팬들의 큰 사랑을 받고 있는 엘튼 존의 히트곡 22곡이 담겨 눈과 귀를 동시에 사로잡는다. 어머니와의 불화로 가슴이 아플 때는 'Sorry seems to be the hardest word'가, 동성애인 버니와 헤어지고 고향집을 그리워할 때는 'Goodbye yellow brick road'가 흐른다. 'Crocodile Rock', 'Your Song'도 그의 인생 고비에 등장하며 뮤지컬의 매력을 끌어올렸다.

그런데 엘튼 존 노래의 작곡 파트너이자 작사자인 베르니 토핀Bernie Taupin이 타임지와의 인터뷰에서 지적했듯 영화에서 나온 노래들이 실제 제작된 연대순과 정확히 일치하지는 않는다. 예를 들어 엘튼 존이 어린 시절 불렀던 노래 'The Bitch Is Back'은 영화에 소개된 것처럼 50년대 말이 아니라 1974년 이후 레코딩된 곡이고 영화에서 1960년대 오디션 당시 부른 것으로 되어 있는 'I Guess That's Why They Call It the Blues'도 실제로는 1983년 이후의 곡이다. 존이 결혼을 하려 했던 여성과 부른 'Don't Let the Sun Go Down on Me' 역시 시간적으로 맞지 않는다. 이들이 만난 시기는 80년대인데 영화에서는 1974년으로 설정되었기 때문이다.

세계적 패션 아이콘의 영화 의상은 차원이 달라

50년 이상의 음악 경력 소유자인 엘튼 존의 음악에서 화려한 의상은 떼어낼 수 없는 중요한 요소다. 〈로켓맨〉에서는 세계적인 '패션 아이콘'으로 불리는 엘튼 존의 개성 넘치는 의상들을 완벽하게 재현했다. 영화 의상은 〈보헤미안 랩소디〉를 비롯해 58편의 영화에 참여한 할리우드 최고의 의상디자이너 줄리안 데이가 맡아 총 88벌의 엘튼 존 의상과 시대 배경을 살린 등장인물들의 복고풍 패션을 제작했다.

줄리안 데이는 엘튼 존이 입었던 의상을 똑같이 만들어내지 않고 자신의 해석이 담긴 버전으로 스토리텔링에 맞게 재해석해 영화의 드라마틱함을 극대화했다. 영국의 또 다른 자랑인 퀸의 전기영화 〈보헤미안 랩소디〉 의상과 비교해보면 〈보헤미안 랩소디〉에서는 실제 의상을 그대로 사용하거나 복사품을 준비하여 영화의 상을 제작할 때 크게 아이디어가 필요하지 않았던 데 비해 이 시대 가장 화려한 살아 있는 전설의 록 스타를 조명하는 〈로켓맨〉 의상은 자유로운 창의가 필요했다. 여기에는 엘튼 존의 도움이 컸다. 엘튼 존은 줄리안 데이를 초청해 개인소장 의상들을 보여주어 데이가 의상제작의 영감을 얻도록 했고 데이는 그의 의상을 전기영화로서의 의상이 아니라 판타지 뮤지컬 의상으로 탈바꿈시켰다. 데이는 엘튼 존 역을 맡은 태런 에저튼Taron Egerton이 개인용 제트 비행기에서 금색 핫팬츠에 코디해서 신은 금색 날개가 달린 플랫폼 부츠를 엘튼 존의 오리지널 신발을 토대로 만들면서 원래보다 더 크고 대담하게 디자인했다. 데이의 소망은 엘튼 존이 자신이 디자인한 것을 보고 무척 입어보고 싶어 할 정도의 의상을 만드는 것이었다. 그런데 바로 그런 일이 일어났다. 개인용 제트 비행기에서 입은 금색 가죽재킷과 부츠를 보고 엘튼 존이 반한 것이었다. 데이의 의상 팀은 부츠의 한쪽에는 E라고 적고 다른 한쪽에는 J라고 적어 엘튼 존을 위한 부츠를 영화와 똑같이 제작해 선물했다. 엘튼 존은 데이가 디자인한 의상에 대만족하면서 자기의 SNS에 '놀라운 디자인'이라는 글을 사진과 함께 올렸다.

의상을 가치를 부여하고 사랑하는 뮤지션

〈로켓맨〉의상 제작을 위해서 덱스터 플레처 감독과 줄리언 데이는 제일 먼저 엘튼 존의 사진들을 훑어본 후 대본을 읽고 어떤 의상이 필요한지 정했다. 그리고 런던에 있는 엘튼 존 의상보관소에 가서 그의 무대 의상과 평상복을 살펴보았다. 엘튼 존 의상을 보면서 줄리안 데이는 어떻게 한 사람이 이토록 의상을 사랑하고, 의상에 이렇게 큰 가치를 부여하는가를 깨닫고 놀라웠다고 한다.

데이는 엘튼 존의 화려한 쇼맨십에 걸맞은 의상에 스와로브스키 크리스털을 더해 강조하기로 디자인 콘셉트를 정했다. '의상 디자인이 캐릭터의 느낌을 110% 보여준다고 가정할 때 스와로브스키 크리스털이 더해진다면 150%까지 효과를 극대화할 수 있을 것이다'라는 것이 그의 생각이었다. 데이는 〈로켓맨〉의 공식 크리스털 파트너가 된 스와로브스키와 컬래버레이션을 통해 의상과

◎ 태런 에저튼이 개인용 제트비행기에서 입은 70년대 유행 아이템인 금색 의상과 날개 달린 금색 스니커즈의 완벽한 조화

◎ 엘튼 존과 그의 절친인 작사 파트너. 엘튼 존의 스와로브스키가 달린 레드 재킷과 색상이 잘 매치된 선글라스

◎ 시대 배경을 살린 등장인물들의 70년대 복고풍 패션. 엘튼 존의 의상디테일이 남다르다.

◎ 엘튼 존과 불화한 엄마와 엘튼 존을 가장 격려해준 할머니가 시대 배경을 살린 50년대 의상을 입고 있다.

다양한 액세서리에 백만 개의 스와로브스키 크리스털을 사용해 엘튼 존 패션을 완성시켰다.

반짝이는 다저스 의상에는 26만 개의 스와로브스키 크리스털이 달려

30명으로 꾸려진 데이 의상팀은 태런 에저튼 의상으로 엘튼 존의 오리지널 의상에서 영감 받은 88개의 의상을 제작했다. 데이는 의상 88벌, 안경 60개, 구두 60켤레에 전부 100만 개 이상의 크리스털을 달았다. 만 개가 아니라 백만 개!

이 중에서 가장 멋진 의상은 단연코 반짝이는 다저스 의상이다. 이 의상은 엘튼 존이 LA다저스 스타디움에서 가진 두 번의 전설적인 콘서트에서 실제로 입었던 의상이다. 엘튼 존의 전속 디자이너인 밥 마키Bob Mackie가 디자인했던 이 의상은 덱스터 감독과 데이 의상감독이 엘튼 존의 무대 의상을 새로 디자인하고자 했던 원칙을 깨고 다저스 무대에 대한 오마주로 디자인의 변경 없이 그대로 채택한 옷이다. 다만 원래 의상에 장식된 스팽글 대신 영화 의상의 콘셉트가 된 스와로브스키 크리스털로 장식을 변경했다. 이 다저스 의상에는 엘튼 존이 신었던 퓨마 신발과 모자까지 포함해 26만 개 이상의 크리스털이 달렸다.

하트 달린 악마 의상으로 평생 진실한 사랑을 갈망한
엘튼 존의 심정을 대변하다

데이는 엘튼 존 의상디자인에 대한 영감을 세계 도처에서 얻었다. 특히 리오 카니발, 베니스 카니발, 드랙 퀸 의상 등에서 크게 영감을 받았다. 그는 자신이 디자인한 영화의 모든 의상에 애착을 갖고 있지만 그중에서도 영화 첫 장면에 등장하는 오렌지색 악마 코

◎ 26만 개의
크리스털이 달린
다저스 의상은 오리지널
디자인에 대한 오마주로
디자인 변경 없이
크리스털 장식만
대체하여
그대로 재현하였다.

◎ 다저스 의상에는
엘튼 존이 신었던
퓨마 신발과 모자까지
포함해 26만 개 이상의
크리스털이 달렸다.

◎ 줄리언 데이에게
의상디자인 영감을 준
브라질 리오 카니발
축제

◎ 리오 카니발에서
영감을 받아 디자인한
엘튼 존의 무대의상

◎ 하트 모양 선글라스와
날개 달린 라이크라
소재의 악마 의상은
댄싱 의상을 만드는
곳에서 제작한
후 14,000개의
크리스털을 수작업으로
달았다.

스팽과 하트모양 안경에 특별한 애정을 갖는다고 한다. 데이가 처음 디자인한 의상이 바로 이 악마 의상이었다. 악마 의상은 엘튼 존이 진실된 사랑을 갈망하던 시절의 의상으로 곳곳에 하트 형태가 있다. 루비 보석으로 장식된 하트 모양 선글라스부터 날개에 이르기까지. 탄성이 좋은 라이크라 소재의 이 의상은 영국 댄싱 의상 제작소에서 만든 후 데이 디자인팀이 14,000개의 크리스털을 수작업으로 달았다. 이 의상도 다저스 의상과 마찬가지로 엘튼 존이 가지고 있는 오리지널 의상과 거의 비슷하다. 이 옷은 1970년 엘튼 존의 미국 LA 무대 데뷔 의상이었는데, 데이는 밥 마키가 스팽글을 붙였던 자리에 스팽글 대신 수천 개의 스와로브스키 크리스털을 붙여 의상의 화려함을 극대화시켰다. 이 의상은 영화의 큰 줄거리를 끌고 가는 스토리텔링의 역할을 했기 때문에 에저튼은 3일에 한 번씩 3개월 동안이나 이 의상을 입고 촬영해야 했다. 에저튼은 크리스털이 망가질까 봐 3개월 동안 세탁을 못 한 불편함 말고는 스판 소재로 되어서 착용감은 아주 편했다고 회상했다.

줄리언 데이가 영화에서 제일 좋아하는 의상은 메탈릭 셔츠를 입고 재킷 위에 털 코트를 걸친 의상으로 루비색 구두와 밀짚모자로 코디를 한 모습이다. 데이는 이 의상을 키치 스타일의 정점이라고 평하고 있다.

의상 스타일링에서 액세서리는 패션의 완성

의상에 있어서 액세서리는 패션의 완성이라고 할 만큼 중요하다. 데이는 엘튼 존만의 개성 있는 패션을 위해서 60개의 선글라스를 사서 장식 디자인을 추가했다. 선글라스 외에 다른 주얼리는 스위스의 럭셔리 시계와 주얼리 상점인 쇼파드Chopard에서 빌렸다. 주얼리는 70억 원 이상의 어마어마한 가격이었기 때문에 영화 촬영

© 의상감독 줄리언 데이가 영화에서 제일 좋아하는 엘튼 존의 키치 스타일 의상

시 늘 보안요원이 촬영장을 지켜야 했지만 의상에 있어서 액세서리 효과에 대한 신뢰는 그만큼 컸다.

엘튼 존 역을 맡은 태런 에저튼은 벌써 2020년 아카데미 남우주연상 수상자로 거론되고 있다. 〈킹스맨: 시크릿 에이전트〉로 이미 스타가 된 태런 에저튼은 〈로켓맨〉에서 제대로 연기력을 발휘했다. 에저튼은 철저한 캐릭터 분석을 기반으로 연기에 임하면서 직접 엘튼 존과 소통하기도 했다. 그는 엘튼 존의 연주 모습뿐만 아니라 제리 리 루이스Jerry Lee Lewis나 리틀 리처드Little Richard같이 엘튼 존이 영향받은 뮤지션들도 함께 연구했다. 에저튼은 엘튼 존에게 경의를 표하는 동시에 자신만의 엘튼 존을 만드는 것을 목표로 촬영에 임했다. 파워풀한 무대 퍼포먼스를 소화하기 위해 5개월간 피아노와 보컬 트레이닝을 받은 것은 물론, 엘튼 존의 헤어라인과 눈썹 모양까지 판박이로 재현했다. 엘튼 존이 젊은 시절 머리를 기른 장면에서는 오렌지색으로 염색을 했고 차츰 머리카락이 빠진 모습을 표현하기 위해서는 머리를 일부 밀었다. 또 치아 사이가 벌어져 있는 부분까지 세밀하게 묘사했다. 엘튼 존의 외모와 탄탄한 가창력, 역동적 무대 매너까지 그대로 흡수한 그는 평생을 외로움에 시달린 남자의 내면 연기까지 더해 영화의 감동을 배가시켰다.

에저튼은 1년 동안 매일 엘튼 존의 노래를 들으며 그가 노래하는 방법을 포착한 후, 3개월 정도 연습하여 노래를 직접 소화했다. 그러나 엘튼 존과 똑같이 부른 건 아니고 자신만의 목소리를 만들려 했다. 예외가 하나 있는데 'Your Song'을 부를 때는 엘튼 존처럼 들리게 하려고 특별히 노력했다고 한다.

굳이 아쉬운 점이 있다면 이렇게 노력한 에저튼의 노래가 엘튼 존의 호소력에는 미치지 못한다는 점이다. 〈보헤미안 랩소디〉가 프레드 머큐리 역을 한 라미 말렉의 노래와 프레디 머큐리의 노래를 합성했기 때문에 더욱 음악적 효과가 배가되었던 것과 비교되는 대목이다.

세계적 패션 아이콘에 손 내미는 패션 브랜드들

세계 최고의 패션 아이콘을 표현한 영화답게 이 영화에는 패션 브랜드들의 엘튼 존 콘셉트 마케팅이 눈에 띈다.

엘튼 존 콘셉트의 의상판매가 팬들에게 영화를 홍보하는 수단이라고 생각한 〈로켓맨〉의 제작사인 파라마운트사는 엘튼 존의 아이코닉 스타일에 영감을 받은 의상 컬렉션을 소매점 럭키 브랜드와 컬래버레이션하여 내놓았다. 이 한정판 컬렉션은 남성용 빈티지 티셔츠 3개, 여성용 티셔츠 2개, 운동복 1개로 구성되어 소매가격 39달러 50센트에서부터 시작하여 온라인 시장인 luckybrand.com에 내놓았다. 디자인은 엘튼 존의 지난 콘서트 포스터와 1972년에 내놓은 '로켓맨' 싱글 앨범, 그리고 다섯 번째 스튜디오 앨범인 'Honky Chateau'를 오마주해서 남성용으로는 S에서 2XL까지, 여성용은 XS에서 XL까지 사이즈를 구성했다.

또한 이미 영화 〈킹스맨〉에서 온라인 판매로 재미를 톡톡히 본 온라인 남성복 소매점 미스터 포터Mr Porter도 〈로켓맨〉을 이용한 패션 마케팅에 나섰다. 미스터 포터는 엘튼 존의 야한 의상이 아니라 엘튼 존의 동성 애인이자 매니저인 존 레이드John Reid 스타일에서 영감 받은 정장 신사복을 판매하고 있다. 〈로켓맨〉 제작자인 매튜 본Matthew Vaughn이 미스터 포터와 손을 잡고 대담하고 화려한 신사복 컬렉션을 제작했다. 신사복, 셔츠, 턱시도 재킷, 페이즐리 무늬 넥타이, 가죽 첼시부츠, 그 외 60년대 런던의 로커들이 즐겼던 신발들을 포함한 16개의 컬렉션에 킹스맨 라벨을 붙여 판다. 포켓치프의 경우 85달러, 벨벳 재킷은 1,995달러 정도이니 상당히

비싼 가격이다.

이 외 구찌의 총괄 디자이너 알레산드로 미켈레Alessandro Michele는 2019년, 엘튼 존의 1975년 노랫말이 적힌 남녀공용 티셔츠를 선보였다. 사이즈는 XS에서 XXL까지이며 가격은 1장에 550달러로 온라인에서 판매 중이다.

엘튼 존은 2018년부터 'Farewell Yellow Brick Road' 타이틀이 붙은 세계 순회 공연을 하고 있으며, 펜실배니아주 앨런타운에서 시작해 전 세계 300여 차례의 공연을 끝으로 은퇴를 예정하고 있다. 은퇴 투어 의상은 알레산드로 미켈레가 맡았다.

성공적인 전기 영화지만 엘튼 존은 자신의 영화에 못내 불편한 심정을 드러냈다. 자신의 전기 영화에 자신이 소중하게 여기는 이야기가 빠졌다는 것이다.

동성 배우자인 데이비드와 25년간 결혼생활을 하고 있고 두 아들까지 합법적으로 키우며 행복하게 사는 그의 결혼생활이 공개되지 않은 이유는, 대중들이 영화를 통해 전설적 음악과 대중문화의 아이콘으로서 고통을 이겨내는 엘튼 존을 보는 것만으로 충분하다고 믿었기에 굳이 사족을 붙여 영화의 주제를 흐릴 필요가 없었기 때문이 아니었을까?

물론 아쉬운 부분도 있다. 엘튼 존 자신이 특히 사랑했고 유독 한국에서 인기를 얻었던, 1975년 노래 'We all fall in love in sometimes'가 빠진 것은 못내 아쉽다. 부드러운 선율에 서사적 가사가 돋보이는 이 노래는 엘튼 존 음악의 작사가이자 인생의 동반자인 버니 토핀Berne Taupin과의 우정을 노래한 곡이다.

We all fall in love sometimes.
우린 누구나 가끔씩 사랑에 빠집니다.

© 구찌가 디자인한
엘튼 존의 은퇴기념
투어 재킷

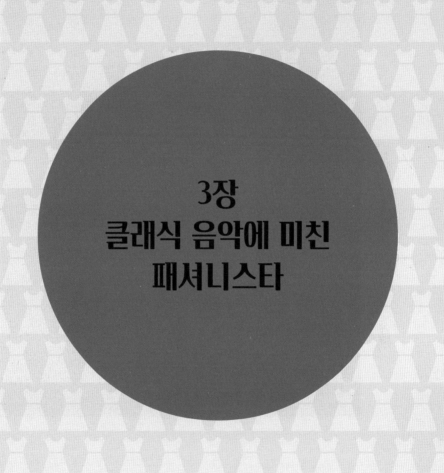

3장
클래식 음악에 미친
패셔니스타

© 모차르트 초상화

언어가 끝나는 곳에서 음악이 시작된다

● 아마데우스 Amadeus, 1984

클래식이나 뮤지컬을 사랑하는 사람에게 꼭 추천하고 싶은 영화가 있다. 2018년 타계한 밀로스 포먼Milos Forman 감독의 영화 〈아마데우스〉는 클래식 음악을 주제로 한 영화 가운데 명작으로 손꼽힌다. 실제와 같은 멋진 공연무대, 에너지 넘치는 불꽃같은 장면으로 가득 찬 이 영화는 1985년 국제 영화상 중 53개상에 노미네이트 되어 아카데미상(8개 부문), 영국아카데미상(4개 부문), 골든글러브상(4개 부문), LA 영화비평가상(4개 부문) 등에서 40개의 상을 휩쓸었다. 특히 영화상 중 가장 규모가 큰 아카데미 시상식에서 작품상, 감독상, 남우주연상, 각색상, 음향상, 미술상, 의상상, 분장상을 수상했다.

30년 동안 626곡을 작곡한 음악의 신동

베토벤이 '악성'이라면 모차르트는 음악 역사상 다시 나오기 어려운 '천재'다. 5세 때 작곡을 시작해 12세에 오페라를 작곡한 볼프강 아마데우스 모차르트Wolfgang Amadeus Mozart, 1756~1791는 35년의 짧은 생애 동안 무려 626곡이나 되는 작품을 남겼다. 오페라, 교향곡, 협주곡, 종교음악, 가곡, 소품에 이르는 다양한 분야에서.

　영화는 모차르트가 사망한 1790년대부터 널리 퍼졌던 소문, 즉 살리에리가 모차르트를 시기한 나머지 그를 죽음으로 몰아넣었다는 가정을 토대로 했다. 1830년 러시아 시인이자 극작가 푸슈킨

Alexander Pushkin이 쓴 「모차르트와 살리에리Mozart and Salieri」라는 희곡이 원작이다. 모차르트의 천재성을 시기한 평범한 음악가 안토니오 살리에리Antonio Salieri의 번민, 욕망, 질투가 모차르트를 죽음에 이르게 했다는 이야기인데 이 희곡은 살리에리의 치명적인 질투를 통해 모차르트 음악의 위대함을 부각시켰다.

그런데 역사적 진실로 따져보면 모차르트의 독살설은 하나의 설이고 추측일 뿐이다. 모차르트의 사인은 당시 유럽에서 유행한 기생충병, 식중독, 수은중독, 류머티스열 등 여러 설이 있었지만 최근 연구 결과 모차르트는 업무 과다로 인한 스트레스와 과음으로 야기된 류머티즘으로 사망했음이 밝혀졌다.

클래식 음악 중 최고의 빌보드 차트 앨범

〈아마데우스〉는 음악이 영화를 이끄는 수인공이라 할 만큼 큰 비중을 차지한다. 영화의 배경으로 사용된 모차르트의 음악은 네빌 마리너Neville Marriner가 음악감독과 지휘를 맡고 세인트 마틴 인 더 필즈 관현악단the Academy of St. Martin in the Fields이 연주했다. 영화 첫 머리에 비명 소리와 함께 나오는 '교향곡 25번'을 시작으로, 오페라 〈피가로의 결혼〉과 〈후궁 탈출〉, 〈레퀴엠〉, '플루트와 하프를 위한 협주곡', '두 대의 피아노를 위한 협주곡' 등 잘 알려진 모차르트의 음악들이 펼쳐진다. 오페라 〈마술피리〉는 이 영화에 가장 빈번하게 등장하는 곡이다. 살리에리가 모차르트의 병환을 확인할 때는 '프리메이슨 장례곡'과 '마술피리 서곡'이, 모차르트가 친구들과 파티를 벌일 때와 새들이 지저귀는 장면에선 '마술피리' 테마가, 〈마술피리〉 초연 공연 오프닝 장면에선 '밤의 여왕'의 아리아 '지옥의 복수심이 내 마음에 끓어오르고'가 울려 퍼진다. 〈아마데우스〉 사운드 트랙 앨범은 클래식 음악 중 빌보드 차트에서 가장 성공한 앨범으로 기록된다.

로코코 요소로 가득 찬 체코 프라하에서 촬영된 화려한 비주얼

음악과 배경이 하나가 되어 관객을 매료시킨 영화의 촬영은 2차 세계대전 중에도 폭격을 받지 않아 모차르트 당대 분위기를 그대로 간직하고 있는 체코 프라하에서 대부분 이뤄졌다. 영화는 비밀 경찰의 감시 하에 체코 프라하에 있는, 1921년 설립된 유럽 영화 촬영 장소 바란도프Barrandov 스튜디오에서 많은 부분이 촬영됐다. 촬영이 이루어졌던 1983년 체코슬로바키아는 공산주의 통치 아래 있었기 때문이었다. 더욱이 1985년 미국 아카데미상, 미국 감독상, 골든 글로브 시상식에서 감독상을 수상한 밀로스 포먼 감독은 체코 출신으로서 체코 정권에 반기를 보이고 미국으로 망명한 감독이었기 때문에 체코 정부에게는 더욱 요주의 인물이었다. 그런데 재미있는 것은 감독을 감시하는 요원들이 영화의 엑스트라로 참여했다는 점이다. 영화는 모차르트의 〈돈 조반니〉, 〈티토왕의 자비〉가 초연된 프라하 노스티츠Nostitz 극장에서도 촬영됐다. 이 때문에 오페라 〈후궁 탈출〉, 〈피가로의 결혼〉, 〈돈 조반니〉, 〈마술피리〉의 하이라이트 장면은 후대 어떤 클래식 영화도 따라잡지 못한 화려한 비주얼을 자랑한다. 화려한 비주얼엔 조명도 한몫했다. 로코코 시대를 여행하고 있는 것 같은 착각이 들 정도의 사실감을 주기 위해서 촬영팀은 밖에서 들어오는 광선을 차단하고 자연적인 조명 아래서만 촬영했다.

모차르트 역할 캐스팅의 조건

포먼 감독은 모차르트 역할 캐스팅을 무척 고심했다. 첫 번째 캐스팅 조건은 배우가 어느 정도 음악에 전문성이 있는 사람이어야 한다는 것이었다. 두 번째는 정확한 언어전달이 영화의 몰입감을 높이기 위한 절대 조건이라고 보아 미국인 배우로 범위를 한정했다. 마지막 조건은 잘생긴 배우가 아니어야 한다는 거였다. 실제 모차르트의 모습은 별 특징이 없었기 때문에 폴 뉴먼Paul Newman이나 로버트 레드포드Robert Redford같이 잘생긴 배우는 애초부터 배제되었다. 이렇게 6개월에 걸친 긴 오디션 과정을 통해 선택된 사람은 미국인다운 외모와 목소리를 갖고 있던 톰 헐스Tom Hulce였다. 그는 피아노와 바이올린의 기초 연주 실력이 있었지만 자연스러운 모습을 표현하기 위해 한 달 동안 레슨을 받으며 하루에 5시간씩 피아노 연습을 했다. 톰은 극중 대부분 장면에서 직접 피아노를 연주했고 음악감독 네빌 매리너에게 지휘법을 교육받아 훌륭하게 지휘까지 할 수 있었다.

살리에리는 당시 궁정 음악장으로서 호사스러운 혜택을 받고 있는 역할이었기 때문에 양식화된 화려한 모습이 요구되었지만 감독은 이에 앞서 질투와 강박증이 얼굴에 그대로 나타나는 사람이기를 원했다. 이 강렬한 표정 연기를 리얼하게 표현한 덕분에 아카데미 남우주연상은 모차르트가 아니라 살리에리 역의 머레이 에이브러햄Murray Abraham에게로 돌아갔다.

영화와 일체를 이룬 음악, 배경, 의상

이 영화에서 의상은 음악, 배경과 더불어 영화와 일체가 되었다. 의상은 오페라 장면을 비롯한 모든 부분에서 음악과 완벽하게 부

◎ 테오도르 의상감독은
모차르트가 지휘하는
장면을 바라보는
관객들의 의상과 가발도
주인공과 똑같이 신경
썼다.

◎ 모차르트에 대한
질투에 사로잡혀 신을
저주하는 살리에리

◎ 테오도르 피스테크가
직접 만든 모차르트
아버지의 가면

합했다. 이 중에서도 살리에리가 모차르트에게 정신적인 고통을 주기 위해 입었던 모차르트 아버지 레오폴드의 의상은 관객의 긴장감을 고조했다. 이 의상은 모차르트의 슬픔과 죄의식을 자극하여 모차르트를 파국으로 이끌고 간 터닝포인트 역할을 했다.

영화의 의상은 시각예술을 전공한 체코 태생 테오도르 피스테크Theodor Pistek가 맡았다. 한 번도 의상감독이 되기를 원한 적이 없었고 오히려 화가로 살고 싶었던 피스테크를 설득한 사람은 포먼 감독이었다. 일단 영화의상을 맡은 후 피스테크가 제일 먼저 한 일은 1년 동안 비엔나와 잘츠부르크에 머물면서 영화의 배경에 관해 역사적, 문화적, 심리적, 언어학적으로 꼼꼼한 조사에 돌입한 것이다. 체코인으로서 로코코 요소로 가득 찬 프라하에서 촬영을 한다는 것은 영화의상을 표현하는 큰 이점으로 작용했다. 그는 모차르트의 실제 의상 스타일도 연구했다. 피스테크는 이 고증을 토대로 예술가석 상상력을 더했다. 의상 중 100벌 정도는 그가 디자인한 것이고 나머지는 유럽의 코스튬 하우스에서 대여했다. 코스튬 하우스에서는 600벌 이상을 빌려 사이즈와 스타일을 조정했다.

감성과 쾌락을 추구했던 로코코 시대 복식엔 남녀가 따로 없다

영화의 배경이 된 로코코 시대는 이전까지의 형식적이고 엄격한 규칙에서 벗어나 감성과 쾌락을 추구했던 시기다. 로코코 시대는 프랑스의 루이 15세(재위 1715~1774)부터 프랑스 혁명(1789)까지의 시기를 일컫는다. 가장 화려한 궁정생활이 펼쳐졌던 시대로 생활은 자유로웠고 도덕은 퇴폐적으로 흘렀다. 이와 같은 사회 풍조에서 기인한 복식은 화려하고 세련된 귀족들의 취미를 바탕으로 섬세한 색채와 문양, 리본이나 레이스, 프릴 등의 장식을 더한 우

아하고 여성적인 스타일이었다. 귀족적인 스타일로 보이기를 좋아한 당대 사람들은 자신을 살아 있는 예술품처럼 꾸미는 데 열중했다. 여성의 의상은 우아하고 여성스러운 파스텔조의 색채가 만연했다. 드레스 속에는 파니에를 사용해 스커트를 한껏 부풀렸고 깊게 파진 네크라인을 강조하였다. 드레스 위에는 리본, 레이스, 프릴, 조화, 플리츠 등을 달아 사랑스럽게 장식했다.

이 시대엔 남성들도 여성적 이미지와 신체미를 추구했다. 남성의 기본 복장은 상의로는 조끼 위에 겉옷인 쥐스토코르justaucorps를 입고, 하의로는 넓적다리에 꼭 끼는 바지인 퀼로트culottes를 입어 관능미를 나타냈다. 게다가 여성미를 추구해서 겉옷의 앞면과 아랫단, 커프스까지 화려하게 수를 놓았다. 또 긴 가발을 착용했는데 가발은 뒤에서 리본으로 묶었고, 머리카락에 쌀가루나 밀가루를 뿌려서 백발로 표현했으며 여성처럼 짙은 화장까지 했다.

◎ 모차르트 부부의 즐거운 시간. 밝은 색깔 옷차림으로 그들의 성격과 분위기를 파악할 수 있다.

◎ 어린 모차르트의 로코코 의상

◎ 테오노르 의상감독의
의상 중 가장 멋지게
표현됐다는 오페라 장면
의상과 가발

◎ 자신감 넘치는 천재
모차르트가 착용한
가발과 보라색 벨벳
코트

의상을 잘 차려입는 것을 작품의 연장으로 생각한 모차르트

피스테크 의상감독이 조사한 모차르트 의상 자료에 따르면 모차르트는 의상을 차려입는 것을 그의 작품의 연장으로 생각했다고 한다. 아주 작은 키, 마르고 창백한 얼굴, 가늘지만 풍부한 금발머리를 가진 모차르트의 의상은 언제나 화려했다. 모차르트의 전기 작가들을 비롯한 많은 사람들은 이 비범한 남자의 외모가 전혀 눈을 끌지 못하는 스타일이어서 이런 외모에 대한 보상 심리로 의상과 머리단장을 정성스럽게 했다고 입을 모았는데, 과연 그럴까? 어느 시대보다도 의상에 탐닉했던 로코코 시대였고 천재적 예술적 감각을 가진 음악가로서 심미적인 의상스타일을 즐기는 것은 당연한 것이 아니었을까?

<아마데우스> 의상은 패션역사를 제대로 보여주는가?

피스테크가 창조한 〈아마데우스〉 의상이 패션역사를 제대로 보여주고 있는가에 관한 논란이 많다. 특히 플라스틱으로 만든 가발, 폴리에스터로 만든 드레스, 싸구려 레이스 작업 등에 관해서다. 비록 표현된 모습이 완벽한 로코코 시대 그대로는 아니었지만 관객은 고증에 덧붙여 피스테크의 상상력이 만든 크림색의 과장된 머리스타일, 벨벳 슬리퍼, 타이트하게 가슴이 강조되고 허리를 조른 보디스에 매혹되고 열광했다. 논란에도 불구하고 〈아마데우스〉는 아카데미 의상상을 수상했다. 이후에 〈아마데우스〉는 고증을 토대로 하고 창조력이 가미된 시대영화 의상을 만드는 데 수준 높은 기준이 되었다.

　영화의 색상 팔레트는 정말로 훌륭하다. 밤과 아침의 대비가 명확히 색상으로 구분되었다. 부자들의 의상은 금색과 흰색으로 표현되었고 오페라 무대는 밝은 색상으로 가득 찼다. 특별히 밝은 색상의 의상은 누가 힘과 권위를 갖고 있는가를 알게 하는 도구였다. 모차르트의 밝은 보라색 벨벳 코트가 특히 그랬다. 그런데 이 보라색 벨벳 코트는 소피아 코폴라Sofia Coppola 감독이 2006년 영화 〈마리 앙투와네트〉에서 엑스트라에게 다시 입혀 사용했다.

피스테크는 의상뿐 아니라 머리장식에도 크게 신경 썼다. 머리장식이 캐릭터를 좌우할 수 있기 때문이다. 포먼 감독은 거대한 로코코식 가발의 높이를 낮추자고 제안했다. 특히 모차르트 부인인 콘스탄츠는 가발 때문에 걸음을 옮기는 것도 힘겨워 보였는데도 피스테크는 그렇게 커다란 가발을 쓰고 힘겹게 걷는 것이 그 시대의 특징적인 모습이라며 완강하게 반대했고 결국 감독도 그의 말에 설득되었다.

피스테크는 비엔나와 잘츠부르크에서 옷감을 고르는 순간부터 모차르트 시대의 오리지널 디자인을 능가하는 것을 골랐고 모든 의상의 제작 과정과 피팅 과정에 참여했다. 그는 의상이 코스튬같아서는 안 되고 마치 그 시대의 삶에 녹아든 것처럼 보여야 한다고 생각했기 때문에 값비싼 의상과 가발을 연출할 때, 정교하고 컬러풀하게 그의 전공인 회화처럼 풀어나갔다.

그는 색상과 의상에 대해 촬영기사와 긴밀한 논의를 거쳐 작업을 진행했다. 어떤 옷감이 사진에서 어떻게 바뀔지 모르기 때문이다. 그들은 심지어 모차르트 시대의 조명인 촛불을 켜고 의상 효과를 실험하기도 했다.

이렇게 탄생된 볼륨감 넘치는 풍만한 가슴선이 드러난 드레스, 부스스하고 엄청난 스케일의 파우더 뿌린 가발, 비현실적으로 아름다운 깃털 달린 모자와 베일로 이루어진 부유하고 호화스러운 코스튬은 당대 비엔나 상류층의 향락적인 생활양식을 가감 없이 보여주었다.

우리는 모차르트를 '천재 음악가', '음악의 신동'으로 기억한다. 세상에 다시 없을 모차르트의 음악적 천재성에 경탄하지 않는 이가 있을까? 모차르트는 늘 사람들에게 이야기했다. "사람들은 내 음악이 쉽게 만들어진다고 생각하는 우를 범한다. 그런데 실은 그 누구도 나만큼 작곡하는 데 시간을 보내고 작곡에 대해서 고심하지는 않을 것이다. 내가 거듭 연구해보지 않았던 음악의 거장은 없다"라고. 오늘 우리에게 행복을 선사하고 있는 그의 천상의 음악들은 천재의 노력과 고뇌에서 태어난 최고의 걸작인 것이다.

◎ 살리에리가 사랑한 소프라노 가수. 로코코 시대 거대한 높이의 가발을 썼다.

◎ 장난치는 모차르트와 콘스탄츠. 가슴을 내놓고 강조하는 것이 로코코 스타일의 특징이다.

◎ 1800년대 초 숄을
두른 엠파이어 드레스.
조세핀 이후 허리선은
더욱 위로 올라가
가슴 바로 아래까지
다다랐다.

나는 운명의 목을 조르고 싶다

⬤ **불멸의 연인** Immortal Beloved, 1994

루트비히 판 베토벤Ludwig van Beethoven, 1770~1827이 역사상 가장 위대한 작곡가이자 클래식의 대명사인 것을 모르는 사람은 거의 없을 것이다.

〈불멸의 연인〉은 영국의 버나드 로즈Bernard Rose 감독이 메가폰을 잡고 베토벤의 음악과 일생을 담은 영화다. 음악영화 장르에서 최고의 영화 중 하나로 손꼽히는 이 영화는 시작부터 끝까지 악성 베토벤의 음악이 쉴 새 없이 가슴을 파고든다. 베토벤 시대의 로코코, 고딕, 중국풍 등 다양한 스타일이 혼재된 인테리어와 멋진 패션을 감상할 수 있는, 한마디로 청각과 시각이 제대로 호강하는 영화다. 베토벤 음악의 최고 권위자인 게오르그 솔티Georg Solti가 음악감독을 맡고 그가 이끄는 런던 심포니 오케스트라가 대부분의 연주를 맡았다. 바이올린에 기돈 크레머Gidon Kremer와 첼로에 요요마Yo-Yo Ma, 피아노에 머레이 페라이어Murray Perahia가 합세하여 영화의 감동을 극대화시켰다.

베토벤의 음악으로 구성된 이 영화는 당연히 음악이 영화의 스토리를 끌고 간다. 영화에는 베토벤의 30대 이후 인생 절정기에 쓰인 곡들로 교향곡 3번 '영웅', 5번 '운명', 7번 '대곡', 9번 '합창'과 피아노 협주곡 5번 '황제', 바이올린 협주곡, '장엄 미사곡', 피아노 3중주 5번 '유령', 바이올린 소나타 9번 '크로이처', 피아노 소나타 14번 '월광', 23번 '열정', 현악 4중주곡 13번, '엘리제를 위하여' 등 베토벤의 이름난 작품들이 총망라되었다.

영화는 교향곡 5번 '운명'이 흐르는 가운데 베토벤이 일생을 마감하는 장면으로 시작된다. 수많은 사람들이 그의 죽음에 애도를 표하고, 베토벤의 '장엄 미사곡'이 울려 퍼지는 가운데 관의 행렬이 교회를 향한다. 교회 안에 있는 사람들 중 검은 베일을 쓴 세 명의 여자가 눈에 띈다. 줄리에타(발레리아 골리노Valeria Golino), 에르되디(이사벨라 로셀리니Isabella Rossellini) 그리고 조안나(조한나 터 스티지Johanna Ter Steege). 이 여자들은 베토벤의 여인들이다.

"영원히 당신의, 영원히 나의, 영원히 서로의"

베토벤은 생전에 '불멸의 여인에게'라는 말로 시작하는 편지 세 통을 남겨놓았다. 수신인의 이름이 적혀 있지 않았기 때문에 이 편지들은 아직도 음악사의 미스터리로 남아 있다. 편지들은 베토벤의 비시였던 안톤 쉰들러(예룬 크라베Jeroen Krabbé)가 유품으로 보관하다가 쉰들러 사후인 1880년 베를린 주립도서관에 이관되었다. 영화는 안톤 쉰들러가 베토벤의 불멸의 여인인 편지의 주인공을 찾아가는 과정을 통해서 베토벤의 행적과 작품을 소개하고 있다. 베토벤과 염문을 뿌린 여인들은 실제로는 열 손가락이 부족할 정도라고 알려져 있으나 영화에 등장하는 여성은 세 명이다. 베토벤과 혼담이 오갔고 베토벤으로부터 '월광 소나타'를 헌정받은 줄리에타 귀차르디Giulietta Guicciardi, 피아노 3중주 5번 '유령'을 헌정받은 안나 마리 폰 에르되디 백작 부인Anna Marie von Erdödy, 베토벤의 동생 카를의 아내인 조안나 라이스Johanna Reiss가 세 여인의 실제 이름이다. 영화에선 베토벤 동생의 부인인 조안나를 불멸의 연인으로 결론 내리고 있지만 실제 음악 사학자 연구에선 영화에 등장하지 않은 조세핀 브룬스빅Josephine Brunsvik을 편지의 유력한 수신인으로 꼽고 있다.

"참된 인간을 구분 짓는 본질은 그가 곤란한 역경을 이겨내는가에 있다"

이 영화의 백미는 베토벤이 피아노 협주곡 5번 '황제'를 연주하는 장면과 영화 마지막 부분의 '합창' 교향곡 초연 장면이다. 피아노 협주곡 5번 '황제'를 연주하는 장면에서 귀가 들리지 않아 지휘가 불가능한 상태가 되자 자리를 박차고 지휘석으로 뛰쳐나오는 장면, 청중들의 조롱 가운데 지휘석에서 오케스트라를 향해 "클라리넷! 호른!"이라고 절규하며 외치는 장면은 귀가 들리지 않는 베토벤의 고뇌를 단적으로 드러낸다. 또 하나의 명장면은 인류의 최고 걸작으로 꼽히는 교향곡 '합창'의 1824년 초연에서 마지막 4악장이 끝난 후 청중의 우레 같은 박수 소리를 전혀 듣지 못해 우두커니 서 있을 때 지휘자가 베토벤을 부축해 청중의 엄청난 환호를 보게 하자 그가 감격의 눈물을 흘리는 장면이다. 이 두 장면에서 베토벤 역 게리 올드만Gary Oldman의 광기와 카리스마 넘치는 명연기가 빛을 발한다.

자유와 평등을 기본으로 한 시민사회의 패션

베토벤은 1770년에 태어나 1827년에 사망했다. 그 중 영화는 베
토벤이 죽기 전까지 활발한 음악활동을 한 시기인 1800~1827년
을 다루고 있다. 르네상스 이후 수세기 동안 유럽 패션을 이끌어
간 두 나라는 영국과 프랑스다. 베토벤이 살았던 당시 영국은 리
젠시 시대(영국의 조지 4세 시대, 1800~1830년)이며 프랑스는 나폴
레옹 시대(1789년 프랑스혁명~1815년 나폴레옹 제1제정까지)다. 독
일에서는 그들의 전통적이고 현실적이며 얌전한 의상을 포기하고
프랑스와 영국의 패션을 따라 하기 시작했을 때다.

　1800~1820년 시기의 유럽 패션은 새로운 가치와 개성표현을
중요하게 생각했다. 르네상스 이후 300년 동안 지속되어온 사회
적 지위를 표현하는 수단이었던 귀족풍이 무너지고 이때부터 새
로운 의상스타일이 태동했다. 전 시대인 로코코 귀족사회는 권력
과 재산, 미와 우아함을 삶의 목적으로 했기 때문에 생활에 향락
이 넘치고 의상이 화려함의 극치를 보여주었던 데 반해 자유와 평
등을 기본으로 한 새로운 시민사회는 화려한 장식보다 자연스러
운 모습을 중요하게 생각했다. 따라서 이 시기의 이상적 모델은
고대 그리스와 로마로, 미술 문화 전반에서 신고전주의neo-classicism
풍이 나타났고 그리스식 건축과 고전풍의 간소한 복장이 등장했
다. 이때가 바로 나폴레옹 부인 조세핀Empress Josephine이 패션 아이
콘으로 전 유럽패션을 리드했던 시기이기도 하다.

　영화의상은 마우리지오 밀레노티Maurizio Millenotti가 맡았다. 그가
선보인 화려하면서도 독특한 리젠시 시대 의상은 〈이상한 나라의
앨리스〉, 〈그랜드 부다페스트 호텔〉의 의상을 담당한 세계 최고의
이탈리아 무대의상 브랜드 '티렐리 코스튜미Tirelli Costumi'에서 제작
됐다.

© 티렐리 코스튜미의
무대의상 보관실

코르셋을 벗어 던진 엠파이어 드레스의 섹슈얼리티

베토벤 시대 여성복은 이전 로코코 시대에 유행했던 가는 허리, 부
풀린 스커트, 높은 머리형이 사라지고 높은 허리선과 규칙적인 치
마 주름을 가진 길고 날씬한 실루엣으로 변화했다. 그리스, 로마
의 고대풍 경향이 이 시대의 독특한 양식과 합해진 아름다운 실루
엣이었다. 작고 짧은 퍼프소매가 달린 하이 웨이스트 스타일의 엠
파이어 드레스의 등장으로 여성들은 타이트하게 몸을 조이던 코
르셋을 던져버리고 자연스러운 몸매를 내보이게 되었다. 가슴 부
분까지 올라오는 하이 웨이스트 덕에 깊게 파인 네모진 목선과 가
슴 부분이 눈에 띌 수밖에 없었고 이 부분이 이 시대의 미학적 섹
슈얼 포인트로 작용하게 되었다.

　엠파이어 드레스는 그 이후에도 200년 동안 빈번하게 유행할
정도로 인기 있는 스타일이다. 드레스 안에 코르셋은 물론 속옷도
입지 않아 얇은 옷감을 통해 자연스럽게 몸의 곡선이 보여 속옷과
같은 인상을 주었으므로 슈미즈 가운chemise gown이라고 불리기도
했다. 몸매를 더 부각시키기 위해서 여성들은 외투 대신 캐시미어

◎ 베토벤과 에르되디.
네크라인이 깊게 파지고
긴 소매를 여러 번 묶은
맘루크mameluk 소매의
엠파이어 드레스를 입은
에르되디가 1800년
이후에 유행한 챙 넓은
밀짚모자를 쓰고 있다.

◎ 에르로디 역의
로셀리니. 이 시대의
머리스타일인 컬진
머리에 헤어밴드로
장식을 하고 깊게 파진
네크라인에 어울리는
목에 달라붙는 초커
목걸이를 했다.

◎ 1820년대 영국에서
유행한 로맨틱 스타일
데이 드레스

◎ <불멸의 연인>에서
가장 아름다운 의상으로
손꼽히는 줄리에타의
엠파이어 드레스

숄을 걸쳤는데 간소한 슈미즈 드레스는 이 작은 숄 덕분에 매력과 우아함이 더해졌다.

의상이 간소하면 액세서리의 효과가 커지는 법이다. 엠파이어 드레스는 여러 줄의 목걸이, 팔찌, 발찌, 반지, 늘어뜨린 귀걸이, 머리 장식 등으로 화려하게 장식됐다. 헤어스타일은 컬을 해서 구불거리게 했고 앞머리는 자연스럽게 내렸는데 머리형이 간소화되면서 모자에 대한 관심이 커져 러플과 리본으로 장식한 보닛bonnet이 유행했던 시기이기도 하다. 1811년 이후엔 큰 리본이나 깃털로 무겁게 장식된 챙 넓은 밀짚모자가 유행했다.

영화는 정치상황에 따라 변화되는 의상을 세밀하게 표현했다. 나폴레옹 정권이 붕괴된 1815년 이후에는 왕정 복고풍이 나타나 서서히 엠파이어 스타일 드레스가 사라지고 네크라인을 옆으로 퍼지게 해서 어깨를 많이 내보이고 허리를 가늘게 조이며 스커트를 버팀대로 부풀린 로맨틱 스타일romantic style 드레스가 다시 등장했다. 스커트는 다시 넓어지고 허리선은 원래의 자리로 돌아갔다. 이러다 보니 그동안 필요 없게 되었던 몸을 옥죄는 코르셋과 여러 겹의 페티코트가 다시 등장했는데 영화 후반부 여성들의 의상에서 이 변화를 확인할 수 있다.

영국의 댄디 스타일이 유럽 남성복을 이끌다

이 시기는 남성복에도 커다란 변화가 있었다. 영국 리젠시 시대는 유럽의 패션, 건축, 문화 트렌드에 전반적인 영향을 끼쳤다. 이때 유럽 남성복의 표준은 영국 댄디 스타일을 이끈 보 브루멜Beau Brummell 스타일이다.

영국 리젠시 시대 국왕 조지 4세의 친한 친구였던 보 브루멜은 남성패션의 혁신가이자 스타일 리더로서 깔끔하고 완벽한 신사복

◎ 베토벤 시대
남성패션의 선구자인
보 브루멜의 1805년
모습. 허리선에서
무릎까지 사선으로
비스듬히 재단된 재킷을
입고 있다.

◎ 재킷과 칼라의 깃이
높아 목에 맨 자보가
더욱 돋보이는 베토벤의
옷차림

◎ 깃이 높은 재킷에
자보를 맨 베토벤 역의
게리 올드만과 문양
있는 조끼로 의상에
포인트를 준 베토벤
비서 쉰들러 역의 예룬
크라베

을 소개했다. 나폴레옹 시기 이전 유럽 남성복식은 르네상스 이후 수세기 동안 유럽 패션을 이끌어간 영국의 보 브루멜 스타일을 따랐다. 보 브루멜 스타일은 더블단추나 싱글단추로 여민 재킷의 앞부분이 허리선에서 무릎까지 사선으로 비스듬히 재단된 것이 특징인데 목장식인 자보jabot가 멋을 내는 중요한 역할을 했다. 또 연미복 스타일의 테일 코트도 유행했다. 바지는 무릎 기장의 몸에 꼭 맞는 퀼로트가 유행했고 퀼로트 아래에는 부츠를 신었다. 급진파는 발목까지 오는 긴 바지인 판탈롱pantalon을 입기도 했다. 점점 긴 바지를 선호하게 되면서 남성들은 1815년 나폴레옹 실각 이후에는 공식석상에서 짧은 퀼로트 대신 긴 바지를 입게 되었다.

전 시대에 비해 디자인이 심플해졌기 때문에 남성복은 색상과 소재에 의상 포인트를 두었다. 소재는 비단 대신 일반 직물과 가죽을 사용했고 색상은 어두운 톤을 선택했다. 이 시기의 큰 특징 중 하나는 댄디한 복장에 필수적으로 사용된 크라운이 높은 톱 해트top hat다.

1790년대 이후 남성들의 사치는 조끼로 한정되었다. 이에 조끼는 점차 짧아지고 멋쟁이들은 겹겹이 색깔을 달리한 조끼를 세 겹으로 입기까지 했다. 또 높게 올라오는 스탠드업 칼라를 달아 조끼 칼라가 겉으로 삐져나오도록 신경 썼다. 당시 외투로는 두 줄 단추가 달린 긴 코트인 르댕고트redingote와 길이가 길고 폭이 넓은 코트에 어깨에는 케이프가 여러 겹 달려 있어 위풍당당하게 보이는 개릭garrick이 유행했다. 영화에서 베토벤 사후 남성 의상에 이 개릭이 많이 등장한다.

"나의 동생 카를에게. 내 인생에는 편암함도, 품위 있는 대화도, 인간관계의 상호 신뢰도 없다. 사람들 앞에 나설 때 나는 들리지 않는 귀와 불타는 분노가 사람들에게 노출될까 봐 공포에 사로잡혀 있다. 나는 때때로 신이 만든 피조물 중에서 내가 제일 비참한 것이라고 생각한다. 나는 운명의 목을 조르고 싶다."

그의 지옥 같은 고통이 그대로 전해지는 말이다. 베토벤의 교향곡 5번 '운명'은 그의 굴곡진 운명에 결코 질 수 없다는 예술적 신념이 고스란히 담긴 곡이다. 그를 지탱해준 유일한 것은 음악이었다. 베토벤은 음악가에게는 너무나 치명적인, 귀가 들리지 않는다는 약점을 예술로 승화시켜 천상의 음악을 남겼다. 이것이 후대 사람들이 여전히 베토벤에게 깊은 감사와 경의를 표하는 이유다.

현대 록 스타 차림을 한
19세기 최고의 바이올리니스트

🔘 **파가니니: 악마의 바이올리니스트** Paganini: The Devil's Violinist, 2013

◎ 파가니니와 샬롯의
사랑 넘치는 한때.
샬롯은 네크라인이 깊게
파지고 레그 오브 머튼
소매가 달린 면 소재
데이 드레스를 입고
있다.

바이올린 한 대로 오케스트라 소리를 창조해냈던 바이올리니스트. 초인적 기교의 바이올린 테크닉을 보여주다가 '악마에게 영혼을 팔았다'라는 말까지 들었던 19세기 최고의 바이올리니스트이자 작곡가인 니콜로 파가니니Niccolo Paganini, 1782~1840가 2013년 음악영화 〈파가니니: 악마의 바이올리니스트〉로 팬들 앞에 모습을 드러냈다.

신기의 기교를 가진 '비르투오소'라는 칭호를 받은 최초의 음악가

◎니콜로 파가니니
(wikipedia.org)

◎넓게 파진 네크라인에
드롭 숄더 스타일의
드레스를 입은
여성들에게 둘러싸인
파가니니

바이올린 연주 역사에서 파가니니는 구시대를 마감하고 새로운 시대를 연 음악가로 꼽힌다. 파가니니에 필적할 만한 연주자는 그 이전이나 당대, 그리고 현재와 미래에도 나오기 힘들 것이라는 데에 음악 전문가들은 입을 모은다. 그는 신기의 기교를 가진 연주자를 뜻하는 '비르투오소virtuoso'란 칭호를 받은 최초의 음악가다. 바이올리니스트가 표현하기 힘든 고난도의 기법들을 능숙하게 해내어 청중의 마음을 뒤흔든 그의 연주회는 언제나 열광의 도가니였다. 그의 놀라운 연주를 들은 관객들은 감동한 나머지 집단 히스테리를 일으켜 실신할 정도였는데, 사람들은 파가니니가 악마에게 영혼을 팔아 그 대가로 고난도의 연주기법을 얻게 되었다고 믿어 그를 '악마의 바이올리니스트'라고 불렀다. 악마와 계약을 맺었다는 말이 사실이라는 생각이 들 정도로 그의 생활이 무절제했던 것도 그가 '악마의 바이올리니스트'로 회자되는 또 다른 이유이기도 하다.

음악 역사상 최초의 로커를 조명하다

이 '악마의 바이올리니스트'라는 별명에서 영감을 얻어 〈불멸의 연인〉을 감독했던 버나드 로즈 감독은 영화적인 상상력으로 파가니니를 재구성해 〈파가니니: 악마의 바이올리니스트〉를 만들었다. 버나드 로즈가 애정을 갖고 이 영화의 각본을 쓰고 감독을 맡은 이유는 파가니니를 현대의 록 스타로 조명하기 위함이었다. 파가니니의 화려한 의상, 짙은 선글라스, 자기중심적인 편집광적 행동, 낭비벽, 술, 여성 팬덤의 발작 등이 현대의 록 스타와 다르지 않았기 때문이다.

파우스트 박사와 파가니니의 공통점

영화 〈불멸의 연인〉에서 베토벤의 죽음으로 영화의 첫 장면을 시작했던 버나드 로즈 감독이 이번에는 어린 파가니니가 아버지 앞에서 자신이 작곡한 '카프리스 5번'을 연주하며 음악가의 삶을 시작하는 장면에서부터 영화를 시작했다. 감독은 〈파가니니: 악마의 바이올리니스트〉를 통해 파가니니의 악마 이미지를 둘러싼 베일을 걷어내고 최고의 음악가이자 사랑스런 인간으로서 그의 면모를 드러내고자 했다. 버나드 로즈는 파가니니가 악마에게 영혼을 팔았다는 괴소문에 대해 괴테의 고전『파우스트』의 한 장면인 파우스트 박사와 악마 메피스토펠레스의 계약을 참고해 스토리를 풀어나갔다. 자신을 주인으로 모시겠다는 악마에게 영혼을 판 대가로 젊음을 얻은 파우스트처럼 파가니니(데이비드 가렛David Garrett)는 우르바니(자레드 해리스Jared Harris)와의 약속대로 당대 가장 유명한 바이올리니스트가 된다. 우르바니의 도움으로 파가니니는 가는 곳마다 대대적인 환영을 받았고, 돈도 많이 벌었다. 그러나 메피스토펠레스처럼 우르바니는 파가니니의 매니저가 되어 엄청난 명성을 안겨준 후에 갖가지 계략으로 파가니니의 삶을 파멸로 몰고 간다. 파가니니는 우르바니와 파가니니의 명성에 기대어 돈을 벌려는 지휘자 왓슨(크리스티안 맥캐이Christian McKay) 덕에 영국 무대에 성공적으로 데뷔하지만 결국 이들에게 이용만 당하고 타락과 파멸의 길을 걷게 된다.

파가니니는 과연 악마인가?

왓슨의 집에 잠시 머무르게 된 바람둥이 파가니니는 왓슨의 딸인 샬롯(안드레아 덱Andrea Deck)에게 진실한 사랑에 느끼게 된다. 샬롯 역시 파가니니의 '바이올린 협주곡 4번'의 2악장을 그가 직접 연주하는 모습을 보면서 내면적 감동을 받아 파가니니에게 사랑을 느낀다. 파가니니는 죽는 순간까지 샬롯에게 진실된 사랑을 구하지만 파가니니와의 루머를 이용해 딸을 유명 인사로 만들려는 샬롯의 부모, 사랑보다 야망을 택한 샬롯, 스캔들을 원하는 우르바

◎ 파가니니의 스캔들을 취재하는 여기자는 남성처럼 톱 해트를 쓰고 매니시 룩을 선보인다.

니와 신문기자, 파가니니의 천재성을 이해 못하는 보수적 윤리단체들은 결국 그를 파멸로 이끈다. 병으로 죽어가는 파가니니와 그를 외면하고 가수로 성공하는 샬롯의 모습이 교차되면서 영화는 누가 진정한 악마인가?라는 질문을 관객에게 던진다.

클래식은 사람의 감정을 컨트롤할 수 있다

"클래식은 사람이 나타낼 수 있는 모든 감정을 거의 다 담고 있으면서 동시에 감정을 컨트롤할 수 있다."

파가니니 역으로 나온 이 시대 최고의 바이올리니스트 데이비드 가렛의 말이다. 그는 빼어난 외모와 탁월한 연주 실력으로 파가니니 역에 캐스팅되었다. 감독은 파가니니 역할에 전문 배우가 아닌, 실제 바이올리니스트를 출연시키는 모험을 감행하여 음악 영화에서 가장 중요한 연주 장면의 리얼리티를 살렸다. 이 영화의 음악을 만드는 데도 참여한 데이비드 가렛은 파가니니 '카프리스 24번'을 비롯한 파가니니의 곡들을 모두 직접 연주했다. 그가 연주하는 파가니니 런던 데뷔 콘서트 장면은 영화의 하이라이트다. 이 장면에서 매력적인 용모가 돋보이는 데이비드 가렛은 신들린

듯한 기교로 '카프리스 24번'을 연주하면서 무대가 아닌 객석에서 깜짝 등장한다. 영화 속 관객들은 파가니니의 독특한 출현 방식에 신선한 충격을 받는다. 여기에 더하여 그는 객석에 앉아 있는 영국 왕에게 즉흥적으로 '영국 국가에 의한 변주곡'을 작곡해서 바친다. 연주하는 파가니니에게 눈과 귀를 사로잡힌 스크린 속의 청중과 데이비드 가렛을 바라보는 영화 관객의 열광이 오버랩되는 명연주, 명장면이다. 이 연주회에서 파가니니가 '바이올린 협주곡 4번'의 2악장을 편곡한 '나 그대를 생각해요, 내 사랑'을 샬롯과 함께 연주하는 장면은 어떤 로맨스 영화에도 비길 수 없는 순수하고 가슴 저린 서정을 선사한다. 영화에서 이 노래는 샬롯 역 안드레아 덱이 이탈리아어로 직접 불렀다.

파가니니 기교의 결정체 '카프리스'는 바이올린의 경전

열다섯 살 때부터 하루 10시간 이상 바이올린을 연습하며 자기만의 독창적인 연주기법을 개발한 파가니니는 G선 하나만으로 연주하는 기법을 개발했다. 영화에서 유흥 술집을 방문한 파가니니가 신기에 가까운 솜씨로 '베니스의 사육제'를 연주하는 도중 바이올

◎런던 콘서트 데뷔 무대. 어두운 색상의 오버코트를 입고 얼굴을 반이나 가린 헝클어진 검은 머리의 파가니니. 매력 넘치는 클래식 음악 사상 최초 록 스타의 모습

◎파가니니의 연주에 맞춰 '나 그대를 생각해요, 내 사랑'을 부르는 샬롯. 굵은 컬을 한 머리에 X자 실루엣이 강조된 드레스는 당시의 의상 특징을 잘 드러낸다.

린 줄이 모두 끊어지고 한 줄만 남는 불상사가 발생한다. 하지만 파가니니는 이에 아랑곳하지 않고 남은 한 줄로 연주를 무사히 마쳐 열광적인 박수갈채를 받는 이 장면이 바로 G선 하나만으로 연주하는 파가니니의 신기를 묘사한 것이다.

파가니니의 기법을 총망라한 것이 바로 그가 작곡한 24개의 '카프리스'다. 영화에서는 카프리스 5번과 9번, 24번이 나온다. 카프리스란 형식에 제약받지 않고 독창적이고 발랄한 악상을 표현하는 자유분방한 곡을 말한다. 피아노 반주 없이 바이올린 혼자만 연주하는 이 작품은 '바이올린의 경전'으로 꼽힌다. 작곡가 리스트Franz Liszt가 파가니니가 연주하는 이 곡들을 듣고 '피아노의 파가니니'가 되겠다고 결심했다는 일화는 유명하다. 파가니니는 다섯 개의 바이올린 협주곡을 작곡했는데 영화에는 '바이올린 협주곡 제1번'과 '바이올린 협주곡 제2번' 중에서 3악장 '라 캄파넬라'가 나온다. 후에 리스트는 파가니니의 바이올린 협주곡을 주제로 '파가니니 주제에 의한 연습곡'을 작곡하기도 했다. 영화의 사운드 트랙에는 파가니니 작곡뿐 아니라 로시니, 슈베르트, 라흐마니노프, 도미니코 스칼라티의 음악도 나온다.

데이비드 가렛을 주인공으로 발탁한 것은 신의 한 수

감독이 파가니니 역에 데이비드 가렛을 택한 것은 탁월한 선택이었다. 데이비드 가렛을 캐스팅함으로써 감독은 영화를 연주회같이 만들었다. 데이비드 가렛은 영화 데뷔의 소감 인터뷰에서 '음악은 영화의 스토리를 지원하는 역할을 하고 또 영화의 스토리는 음악을 지원한다'라고 말했다. 오랫동안 영화음악을 작곡하고 편곡하는 꿈을 꿔왔던 데이비드에게 파가니니 영화를 위한 14곡의 녹음은 생애에 가장 멋지고 강렬한 작업이었다고 한다.

그는 음악뿐 아니라 아름다운 외모를 뽐내며 여러 방면에서 다재다능한 스타성을 발휘하고 있다. 클래식의 본고장인 독일에서 일찌감치 대성한 실력과 경력을 갖추었지만 테크닉과 연주를 가다듬기 위해 이츠하크 펄먼Itzhak Perlman에게 사사받고자 했다. 데이비드 가렛은 이츠하크 펄먼이 교수로 있는 줄리어드 학비를 직접 마련하기 위해 패션잡지 『보그』와 『조르지오 아르마니』 그리고 『바나나 리퍼블릭』의 모델로 활동을 했고 패션쇼 무대에도 올랐다. 패션모델 출신답게 팔에 문신을 새기고 꽁지머리를 하고 구겨진 티셔츠에 청바지를 입은 모습은 자유분방한 로커를 연상시킨다. 음악역사 최초의 로커로 회자되는 파가니니와 오버랩되는 부분이 아닐 수 없다.

데이비드 가렛은 2006년 이후 크로스오버 음악에도 참여하고 있다. 록과 접목시킨 그의 음반은 완성도 측면에서 매우 높은 평가를 받는다. 그는 클래식 음반뿐만 아니라 크로스오버 음반 또한 발표하는 앨범마다 베스트셀러를 기록하고 있다. 클래식과 크로스오버 모두를 거머쥔 데이비드 가렛의 음악 활동 목적은 젊은 세대들에게 좀 더 가깝게 클래식을 전해주는 것이라고 한다. 2007년 이후 현재 그가 사용하고 있는 바이올린은 1716년 만들어진 스트라디바리우스로 60억 원이 넘는다고 전해진다.

1830년대를 재현한 화려한 미장센

이 영화의 매력을 배가시킨 것은 천상의 음악 연주뿐 아니라 아름다운 의상과 세트 디자인으로 구성된 화려한 미장센이다. 의상 디자인은 오스트리아 디자이너 비르기트 허터Birgit Hutter가 맡았다.

영화의 시대 배경은 1830년대다. 1830년대는 19세기 패션사에서 변화가 많은 시기였다. 유럽패션의 중심역할을 한 영국의 리젠시 시대(1811~1820년)와 빅토리안 시대(1837~1901년)의 가교 역할을 한 시대였기 때문이다. 따라서 패션은 리젠시 시대의 유행에서 벗어나 빅토리아 시대로 넘어가는 중간 단계의 로맨틱 스타일을 보여주고 있다. 여성복은 리젠시 시대에 유행했던 날씬한 실루엣을 가진 엠파이어 스타일에서 벗어나 스커트 허리선이 원래의 자리로 돌아갔다. 또 스커트와 소매는 다시 커지기 시작하여 팔 윗부분은 볼륨이 풍성하고 팔꿈치에서 소매 끝은 좁아지는 레그 오브 머튼leg of mutton 스타일이 인기를 끌었다. 이 디자인이 바로 X 자형의 로맨틱 스타일의 기초다. X자형은 소매의 볼륨을 확대한 드롭 숄더로 어깨를 넓히고 허리는 가늘게 졸라매고 스커트는 페티코트를 입어 넓게 퍼지는 스타일이다. 네크라인이 넓게 파졌으므로 넓은 칼라 모양으로 어깨를 가리는 펠러린pelerine이라고 불리는 케이프가 유행했다. 또 커다란 소매 위에 코트를 입기 힘들어 외출복으로는 코트 대신 망토가 자주 사용되었다. 이 시기 여성의 머리모양은 로맨틱한 분위기를 나타내는 굵은 컬로 머리를 부풀린 형태였다. 영화에서 샬롯과 파가니니가 다정하게 노래연습을 하는 장면에서 샬롯이 입은 네크라인이 깊게 파지고 레그 오브 머튼 소매가 달린 면 소재 의상은 로맨틱 시대의 전형적인 데이 드레스다.

남성들도 여성처럼 코르셋을 입다

1830년대 남성은 짙은 색상의 코트에 어두운 색상의 크라바트넥타이처럼 매는 남성용 스카프를 맸다. 여성복식의 X자형 실루엣 영향으로 남성복 실루엣도 여성스러워져 가슴이 넓고 허리는 좁아 보이게 하는 코르셋을 남성들도 즐겨 입었다. 남성들은 고급 마직물이나 면으로 된 셔츠 위에 테일 코트를 입고 외출을 할 땐

◎ 샬롯이 커다란 소매의
드레스를 입고 그 위에
망토를 걸쳤다.

◎ 면으로 된 데이
드레스. 샬롯이 입은
의상과 비슷하다.
빅토리아 앨버트 뮤지움
소장

◎ 넓게 파진 어깨를
덮는 펠러린

◎ 1830년대 톱 해트와
개릭 코트, 체크 조끼와
어두운 색상 크라바트를
그대로 재현한 샬롯의
아버지 왓슨의 의상

크라운이 높은 톱 해트를 쓰고 길이가 길고 품이 넓은 개럭이라고 불리는 코트를 입었다.

파가니니의 초상화에서 보이는 컬진 머리와 짧게 멋을 부린 구레나룻은 이 당시 패셔너블한 남성 사이에서 인기를 끌었다. 어두운 색상의 오버코트를 입고 선글라스를 끼고 얼굴을 반이나 가린 형클어진 검은 머리의 매력 넘치는 모습을 한 영화 속 파가니니는 영락없는 록 스타의 모습이다.

가닥진 염소수염을 하고 지팡이와 톱 해트, 개럭 코트로 치장한 파가니니의 매니저 우르바니는 파가니니의 영혼을 움켜쥔 악마의 모습처럼 보인다.

많은 사람들은 파가니니가 자신의 바이올린 실력을 돋보이게 하기 위해서 '카프리스'같이 화려한 기교를 구사하는 곡을 작곡했냐고 말한다. 그러나 그의 칸타빌레Cantabile for Violin and Orchestra in D Major, Op. 17나 바이올린 소나타violin Sonata in E Minor를 듣노라면 그가 얼마나 서정적이고 낭만적인 사람인지 알 수 있다. 특히 그의 바이올린 협주곡 4번 2악장 중 아리아 '나 그대만을 생각해 내 사랑'은 악마의 바이올리니스트라는 오명을 뒤집어쓴 채로 사랑하는 여인에게 외면을 당하고 버려지는 그의 삶과 오버랩되어 가슴 저린 연민을 불러일으키는 곡이다.

파가니니가 유일하게 인간적인 관계를 가졌던 대상은 아들 아킬레였다. 극진한 사랑으로 아킬레를 보살폈던 파가니니는 57세의 나이에 열네 살의 아들 아킬레의 품에 안겨 숨을 거두었다. 아킬레는 신들린 기교를 얻기 위해 악마에게 영혼을 팔았다는 이유로 교회 묘지에 안치될 수 없었던 아버지의 안장을 위해 각고의 노력을 기울였고, 그 결과 파가니니는 사망한 지 36년이나 지나서 비로소 대지의 품으로 돌아갈 수 있게 되었다.

◎ 어두운 색상의
오버코트를 입고
선글라스를 낀 록 스타
파가니니와 톱 해트를
쓰고 개릭 코트를 입은
매니저 우르바니

사랑에 살고 음악에 살고

⬤ **칼라스 포에버** Callas Forever, 2002

서양 달력에서 시간의 기준점은 ADAnno Domini 1년이다. AD는 '예수 그리스도의 출생 이후'라는 뜻으로, AD 이전은 BCBefore Christ라고 부른다. 그런데 '오페라에서 BC는 칼라스 이전Before Callas을 의미한다'라고 정의한 사람이 있다. 바로 마리아 칼라스의 절친이며 영화 〈칼라스 포에버〉의 감독을 맡은 프랑코 제피렐리Franco Zeffirelli이다.

그녀를 찬양한 사람은 제피렐리 외에도 많다. 칼라스의 예술적 성취를 두고 뉴욕 필하모니 상임 지휘자인 레너드 번스타인Leonard Bernstein은 '오페라계의 성경책'이라고 칭송했고 패션 디자이너 이브 생 로랑Yves Saint Laurent은 '권태로웠던 신들이 그녀에게 자신들의 목소리를 소생시켜놓았다'고 예찬했다. 칼라스와 황금의 콤비를 이루었던 세계적인 테너 가수 주세페 디 스테파노Giuseppe di Stefano는 '그녀는 오페라의 여왕이었다'라고 말했다.

드라마틱한 연기와 벨칸토 기법을 접목시킨 오페라의 여왕

오페라의 전설로 불린 그녀. 이탈리아 사람들은 마리아 칼라스를 '오페라의 성녀La Divina'라 부른다. 그녀를 지칭하는 말로는 '소프라노 가수'라기보다 '오페라 가수'가 더 적당하다. 칼라스의 진정한 매력은 바로 온몸으로 오페라의 배역을 소화하는 폭발적이고 카리스마 있는 연기력이기 때문이다. 칼라스 이전의 오페라 가수들은 오페라의 극적인 측면이나 연기에는 별다른 신경을 쓰지 않았다. 그저 노래만 잘 부르면 된다고 생각했다. 그런데 이렇게 밋밋한 오페라에 극적인 요소를 불어넣은 사람이 마리아 칼라스다. 완벽한 연기와 드라마틱한 목소리, 무대를 장악하는 강력한 카리스마는 수많은 사람들을 오페라 극장으로 끌어들였다. 그녀는 자신의 드라마틱한 연기에 벨칸토 테크닉을 접목시켰다. 벨칸토 창법이란 원래 성악의 전성기였던 17세기부터 18세기 초까지 바로크 시대의 단순하고 서정적인 창법을 의미하지만 실제로는 19세기 전반, 이탈리아 오페라에서 쓰였던 화려하고도 기교적인 창법으로서 성악가가 발휘할 수 있는 극한의 기교를 총동원해서 노래를 부르는 것으로 정의된다. 그녀는 19세기의 벨칸토 창법을 리바이벌함으로써 완벽한 파워와 우아함으로 오페라 무대를 장악했다.

오페라보다 더 드라마틱한 삶을 살다

〈칼라스 포에버〉는 음악가의 전성시대를 담은 일반적인 전기 영화가 아니다. 2002년 칼라스 사후 25주년에 맞추어 개봉된 이 영화의 배경은 칼라스가 전성기 목소리를 잃고 은둔 생활을 할 때다. 그녀의 친한 친구이기도 했던 프랑코 제피렐리 감독이 칼라스가 사망하던 즈음에 일어났을 만한 일련의 사건들을 가상으로 꾸몄다. 마리아 칼라스(화니 아르당Fanny Ardant)가 공연 기획자이자 친구인 래리(제레미 아이언스Jeremy Irons)의 설득으로 은둔 생활을 접고 오페라 〈카르멘〉을 영화로 만들게 된다는 가상 스토리다. 영화 속에서 래리는 건강 악화와 정신적 스트레스로 전성기의 목소리를 잃은 칼라스에게 오페라 영화를 만들자고 제안한다. 단 천상의 소리라는 극찬을 받던 젊은 시절 녹음한 레코드에 맞춰 립싱크를 하며 촬영을 하자는 단서를 붙였다. 이 제안에 고민

하던 칼라스는 마침내 영화를 찍게 되지만 결국 예술가의 자존심을 가지고 립싱크로 녹음해서 완성한 영화를 상영하지 않기로 하는 내용을 담았다.

◎ 카르멘 역할의 화니 아르당이 입은 의상은 의상감독 안나 안니 작품이다.

　영화의 전편에 흐르는 〈카르멘〉, 〈토스카〉, 〈라 트라비아타〉, 〈나비부인〉 등 불후의 오페라 명작들에는 그녀의 육성이 고스란히 담겨 있어 당시의 마리아 칼라스를 만나는 듯하다. 또한 칼라스가 실제로 머물렀던 공간을 고스란히 재현해내어 그녀의 숨결 하나까지 세심하게 표현했다. 칼라스의 자취가 있는 유럽의 곳곳에서 촬영이 진행되었는데 특히 말년을 보낸 파리의 명소 보주 광장, 유명 연예인들과 상류층이 거주한다는 트로카데로와 방돔 광장, 샹젤리제 등의 명소를 칼라스의 시선으로 볼 수 있다. 다만 칼라스가 거주했던 아파트의 내부는 건물주가 촬영을 거부하는 바람에 루마니아의 부쿠레슈티에 있는 스튜디오의 세트 촬영으로 대신했다. 칼라스와 몇 편의 오페라 공연을 함께했던 제피렐리 감독은 마리아 칼라스가 생존했던 당시의 모습과 분위기를 그대로 연출하기 위해 그녀와 함께했던 지인들을 영화작업에 총출동시켰다. 영화에서 음악감독으로 출연한 유진 콘Eugene Kohn은 70년대 초, 3년 동안 마리아 칼라스의 피아노 반주자였기 때문에 화니 아르당이 노래하는 장면을 찍을 때마다 상세한 조언을 할 수 있었다. 또 메이크업 감독인 닐로 자코포니Nilo Jacoponi도 생전에 마리아 칼라스가 출연했던 영화 〈메데아〉에서 함께 호흡을 맞춘 사람으로 마리아 칼라스 분장에 리얼리티를 높였다.

미운 오리 새끼가 세기의 스타일 아이콘이 되다

마리아 칼라스가 이토록 유명한 것은 아무나 흉내 낼 수 없는 독특한 목소리 때문만은 아니다. 오랫동안 서로 사랑했던 오나시스Aristotle Onassis를 케네디 대통령의 미망인인 재클린 케네디Jacqueline Kennedy Onassis에게 빼앗긴 세기의 삼각관계 러브스토리도 대중의 관심을 받는 중요한 역할을 했을 테지만 무엇보다 큰 이유는 그녀가 스타일 아이콘이기 때문이다.

그런데 그녀가 처음부터 스타일 아이콘이었던 것은 아니었다. 칼라스의 극적인 외모 변화 스토리는 그녀의 역사와 함께할 만큼 유명하다. 스스로 지칭했듯 '뚱뚱한 미운 오리 새끼' 모습에서 전설적인 아름다움의 대명사가 된 그녀. 그녀는 10대 이후 뚱뚱한 외모로부터 벗어나기 위해 치열한 노력을 했다. 172센티미터 키에 몸무게 95킬로그램이라는 비대한 사이즈로 처음 무대에 섰던 칼라스는 잔인할 정도로 외모 비판을 받았다. 심지어 1952년 말엔 오페라 〈아이다〉를 부르는 칼라스의 다리통과 무대에 등장하는 코끼리 다리 굵기가 별로 차이 나지 않는다는 비판까지 받아야 했다. 그런데 그녀의 외모가 극적으로 변했다. 바로 그녀의 롤모델 오드리 헵번 때문이었다. 1953년 영화 〈로마의 휴일〉에 나오는 오

드리 헵번의 잘록한 허리를 보고 칼라스는 살을 빼려는 결심을 굳혔다. 피나는 노력 끝에 1954년 8월 무대에 섰을 때는 27킬로그램이나 감량한 모습이었고 이 변화로 그녀는 세계적인 관심을 받게 되었다. 1955년엔 더욱 야위어 30킬로그램 이상 몸무게가 줄어든 모습을 보였다. 마리아 칼라스는 이 야위어진 모습으로 인기가 급등했다. 그녀는 깨달았다. 외모를 아름답게 하는 일이 중요한 일이라는 것을. 1955년 칼라스가 다이어트에 성공하고 카리스마 있는 아름다운 모습으로 베르디의 〈라 트라비아타〉 주인공 역할을 수행하면서 여성 오페라가수의 신기원이 이루어졌다. 이제 오페라에서 아름다움은 무대의 중요한 요소가 되었다.

◎ 칼라스가 다이어트를 결심하게 한 영화 〈로마의 휴일〉에서 보여준 오드리 헵번의 잘록한 허리

◎ 1950년대 글래머의 심벌이 된 마리아 칼라스가 밀라노 자택에서 몸에 딱 달라붙는 롱 드레스를 입고 있다. 1958 Photo by Farabola

내 안에는 칼라스와 마리아가 함께 살고 있어요

비극의 여왕이며 오페라의 요정이라는 양면성을 통해 대중의 주목을 끈 칼라스는 다양한 오페라 무대에서 극적인 무대의상과 주얼리로 무대에 황홀감을 더했다. 50년대를 주름잡던 밀라노의 가장 유명한 아티스트 재봉사 비키를 비롯해 디올, 랑방, 이브 생 로랑 디자인을 무대의상으로 즐겨 입은 칼라스는 밀라노에서 메트로폴리탄에 이르기까지 모든 무대에서 최고의 의상 소화 감각을 보여주었다.

그녀는 '오페라 디바'뿐 아니라 '패션 디바'였다. 사실 그녀의 패션 감각은 그녀가 코끼리 다리를 갖고 있다고 평가받을 때도 돋보였다. 1948년 바그너의 작품 〈파르지팔〉을 오페라 무대에 올릴 때 칼라스가 자신의 의상을 보더니 혐오스러운 옷이라며 갈기갈기 찢어버린 사건이 있다. 오페라감독 겸 영화감독 루치아노 비스콘티Luchino Viscontil는 밀라노의 모든 재봉사들이 매달려 주역이었던 칼라스의 의상을 다시 만들어야 했다고 당시를 회상했다.

오페라 디바의 명성을 배가시킨 칼라스 패션

칼라스의 패션은 오페라 디바로서의 명성을 배가시켰다. 그녀는 아름다운 평상복 드레스, 슈트, 이브닝드레스, 모피, 빛나는 주얼리 등으로 언제라도 촬영이 가능한 의상과 몸가짐을 갖추었다. 게다가 잘록한 허리, 잘 가다듬어진 용모로 1950년대 글래머의 심벌이 되었다. 이런 외모 덕분에 그녀는 빠르게 전 세계 패션아이콘이 되었고 재클린 오나시스처럼 동경의 대상이 되었다.

몸무게를 줄인 후, 그녀는 모든 고급의상 디자이너의 이상형이 되었다. 그녀의 모습은 한 번도 뚱뚱했던 적이 없이 태생적으로 마른 몸매같이 보였고 일반 모델들과는 달리 허리가 길고 다리가 짧은 체형의 단점이 있음에도 디자이너들은 그녀에게 자신의 의상을 입히기를 소원했다. 그녀가 구찌, 푸치, 랑방, 펜디, 비키 등 최고의 디자이너들이 디자인한 의상을 입은 모습은 모델보다 더 모델스러웠다. 그녀는 그리스인과 이태리인 중간 어디에 속하는 매력 넘치는 강한 인상을 가졌다. 거기에다 프랑스 고급의상까지 입으니 글래머로서 유럽의 전형적인 스타일 아이콘이 될 수밖에 없었다.

영화에서 칼라스의 평상복은 샤넬에서 제공받아

〈칼라스 포에버〉의 의상감독은 안나 아니Anna Anni, 샤넬의 수장이었던 칼 라거펠트Karl Lagerfeld, 알렉산드로 라이Alessandro Lai, 알베르토 스피아치Alberto Spiazzi가 공동으로 맡았다. 이 중 안나 아니는 〈카르멘〉, 〈토스카〉, 〈나비부인〉에 선보인 12벌이 넘는 무대의상을 직접 제작하는 열의를 보였다. 평상복으로는 샤넬의 의상이 특히 많이 등장한다. 제피렐리 감독은 실제 칼라스가 평상복으로 샤넬의 옷을 많이 가지고 있었기 때문에 그녀의 패션 스타일을 부활시키는 데 샤넬 스타일이 적합하다고 판단해 샤넬사에 칼라스를 위한 50년대 의상을 요청했다. 샤넬사의 칼 라거펠트가 제공한 1950년대 의상으로 정제되고 우아한 칼라스 스타일의 정수를 재현할 수 있었다. 마리아 칼라스에게 액세서리는 무대의상과 평상복에 매우 중요한 역할을 했는데 그녀의 음악을 더욱 화려하게 장식했던 목걸이와 팔찌 등의 무대 액세서리는 생전에 그녀가 착용했던 것과 유사한 스와로브스키 제품으로 촬영되었다. 또 평상복 드레스의 액세서리로 사용된 진주 목걸이, 선글라스, 핸드백은 샤넬사에서 제공받아 그녀의 모습을 재현하는 데 작은 것 하나까지 소홀함

◎ 샤넬 로고가 돋보이는
선글라스와 샤넬 백을
맨 화니 아르당

◎ 샤넬 의상과 목걸이,
샤넬 백으로 치장한
화니 아르당과
록 스타 이미지의
제레미 아이언스

이 없게 했다.

칼라스 역의 화니 아르당은 생전의 마리아 칼라스를 최대한 가깝게 재현하기 위해 오페라 레슨을 받는 것은 물론이고 그녀의 걸음걸이, 손짓, 웃는 표정, 목에 선 핏대 등 미세한 움직임까지 세심하게 연구해 칼라스 특유의 매력을 고스란히 스크린에 녹여냈다. 다만 매우 선이 강하고 얼굴 윤곽이 짙었던 칼라스에 비해 부드럽고 섬세한 얼굴이었던 것이 아쉽기는 하다.

반면에 공연기획자 래리 역으로 출연한 귀족적인 외모에 중후한 매력을 겸비한 배우 제레미 아이언스는 가죽점퍼나 튀는 색상의 슈트에 머리를 질끈 묶고 펑크 록 스타 같은 모습으로 예술가와 기획자 사이의 미묘한 갈등과 치열한 예술 비즈니스 세계를 잘 표현하였다.

신세대 패션에 영향을 미치는 칼라스 스타일

타계한 지 42년이나 되지만 그녀의 스타일은 신세대에도 영향력을 미치고 있다. 2008년 밀라노 시는 현존하는 밀라노 톱 패션디자이너들에게 스타일 아이콘인 마리아 칼라스의 무대 드레스와 데이 드레스를 23벌 만들 것을 요청했다.

푸치, 에트로, 베르사체, 구찌, 페레, 비아조티, 미소니, 프라다, 카발리, 트루사디, 발렌티노가 이 작업을 맡았다. 이들은 복잡하고 절충적이며 상대방을 무장 해제시키는 아름다움을 가진 칼라스의 이미지와 목소리에 영감을 받아 의상을 작업했다.

2009년엔 돌체 앤 가바나가 마리아 칼라스 오마주 쇼로 티셔츠에 칼라스 얼굴을 프린트한 디자인을 선보였고 디자이너 잭 포젠은 2012년 미국 메트로폴리탄 오페라의 연례 오프닝 행사에서 칼라스에게 영감을 받은 의상을 내놓았다. 2016년에는 마크 제이콥

스가 칼라스에게 영감 받은 의상을 발표한 데 이어 우아하고 사치스런 의상의 대명사인 발렌티노 브랜드는 2014년과 2018년에 이미 은퇴한 발렌티노 가라바니가 직접 디자인을 맡아 마리아 칼라스 오마주 쿠튀르 패션쇼를 다시 열었다. 칼라스가 부른 〈노르마〉중 유명한 아리아 '정결한 여신이여Casta Diva'의 음악이 배경으로 흐르는 가운데 칼라스 스타일에 영감을 받아 디자인된 63벌의 패션쇼였다. 발렌티노는 이 의상들을 만드는 데만 꼬박 1,120시간이 걸렸다고 한다.

마리아 칼라스는 〈카르멘〉, 〈라 조콘다〉, 〈라보엠〉, 〈토스카〉 등의 곡으로 1974년 한국을 방문해 이화여대 강당에서 두 차례 공연을 했고 같은 해 11월, 일본 삿포로에서의 공연을 끝으로 대중공연의 막을 내렸다.

무대 위에서는 모두의 사랑을 받았지만 무대 밖에서는 고독했던 여인. 화려한 디바로서는 성공했지만 사랑하는 단 한 사람, 오나시스의 사랑을 잃은 여인. 결국 이 고통을 이겨내지 못하고 목소리까지 잃게 된 디바. 오페라보다 드라마틱한 삶을 살고 아리아보다 애절했던 사랑을 한 여인. 그러나 우리는 그녀를 기억한다. 사랑을 잃고 고독한 삶을 산 여인으로서가 아니라 '오페라 디바'였고 '패션 디바'였던 전설로.

◎ 2009년 돌체 앤
가바나가 마리아 칼라스
오마주 쇼로 티셔츠에
칼라스 얼굴을 프린트한
디자인

◎ 2012년 잭 포젠이
칼라스에게 영감을 받아
메트로폴리탄 오페라
연례 오프닝 행사에서
발표한 의상

◎ 2014 발레티노의
칼라스 오마주
발렌티노 패션쇼

4장
뮤지컬, 패션을 노래하다

◎ 시간을 초월한
실루엣과 재단이라는
갈채를 받고 있는
에스컷 경주 장면 의상

의상의 사회적 의미를 노래하다

● **마이 페어 레이디** My Fair Lady, 1964

뮤지컬 영화 역사에서 가장 훌륭한 영화 중 하나로 꼽히는 1964년 영화 〈마이 페어 레이디〉가 2014년 상영 50주년을 기념해 블루레이와 DVD로 다시 출시됐다. 〈마이 페어 레이디〉는 노벨상을 수상한 아일랜드의 작가 조지 버나드 쇼George Bernard Shaw가 1913년 그리스 신화에서 영감을 얻어 쓴 희곡 〈피그말리온〉을 바탕으로 만든 뮤지컬 영화다.

신화 속 '피그말리온'과 버나드 쇼의 '피그말리온'

그리스 신화에 등장하는 조각가 '피그말리온'은 자신이 만든 조각상을 너무나도 사랑했다. 그의 사랑을 안쓰럽게 여긴 미의 여신 아프로디테는 조각상에 생명을 불어넣어 인간이 되게 했고 인간이 된 조각상 갈라테이아는 피그말리온의 아내가 된다. 하지만 극작가 조지 버나드 쇼는 이 그리스 신화에 문제를 제기한다. 왜 갈라테이아의 입장은 고려하지 않는가? 그는 신화 속 피그말리온의 결말에 불만을 품고 희곡을 쓰기로 결심했다. 이렇게 조각상의 입장에서 만들어진 연극이 〈피그말리온〉이다. 조지 버나드 쇼는 1913년 희곡 〈피그말리온〉을 완성했고 1914년 연극이 초연되었다.

이 작품은 1956년 브로드웨이에서 뮤지컬로 각색되었고, 1964년 다시 영화로 제작되어 미국 아카데미 시상식에서 작품상, 감독상, 남우주연상, 촬영상, 사운드상, 주제가상, 미술상, 의상상 등 8개 부문 수상을 기록했다. 또 골든 글로브에서도 작품상, 감독상, 남우주연상을 받았고 영국 아카데미에서도 작품상을 따냈다.

언어가 사람의 지위를 결정한다?

언어가 사람의 지위를 결정한다고 굳게 믿는 인물인 히긴스 교수는 길거리 하층계급의 여인을 한 명 데려와 정해진 기간 안에 교육시켜 우아하고 세련된 귀부인으로 만들어놓겠다는 계획을 세운다. 이에 친구 피커링 대령이 불가능한 계획이라고 이의를 제기하자 히긴스는 그와 내기를 한다. 이 내기의 실험 대상으로 선택된 여인이 바로 빈민가 출신의 꽃 파는 일라이자 두리틀(오드리 헵번Audrey Hepburn)이다. 그녀는 히긴스 교수로부터 끊임없는 교습을 받고 마침내 투박한 말씨와 촌스런 악센트를 버리고 에드워디언 시대 런던의 상류사회를 대표하는 인물로 변화된다. 이후 히긴스 교수와 이상적인 여인상으로 변한 일라이자가 사랑으로 맺어진다는 것이 영화의 줄거리다. 그러니까 버나드 쇼의 원작과 뮤지컬의 결말은 서로 다른 셈이 된다. 조각가의 입장보다는 조각상의 입장을 중요하게 생각한 버나드 쇼의 원작에서는 신화 속 피그말리온 이야기와 달리, 여주인공이 자신을 만들어준 주인과 사랑에 빠지는 갈라테이아가 아니라 독립적으로 자신의 운명을 결정해나가는 일라이자가 되어 남주인공과의 사랑은 이루어지지 않는다. 그러나 뮤지컬 〈마이 페어 레이디〉에서는 히긴스와 일라이자가 신화에서처럼 서로 사랑에 빠지게 된다.

흥행 보증수표 '오드리 헵번'이 주인공으로 발탁되다

1956년 뮤지컬 〈마이 페어 레이디〉는 제작 다음 해에 6개의 부문에서 토니상을 수상하는 등 엄청난 성적을 이루었다. 무명의 여배우 줄리 앤드류스Julie Andrews가 꽃 파는 일라이자 두리틀로 출연해서 두각을 나타냈다. 이렇게 뮤지컬 흥행에 성공한 콘텐츠가 영화화되는 건 당연했다. 따라서 이 영화에 대한 판권 경쟁이 치열했는데 결국 워너브라더스가 500만 달러를 지급하고 영화 판권을 따냈다. 이는 현재 가치로 4,000만 달러에 해당하는 거액이다. 이렇게 필름의 제작비용이 너무 비쌌으므로 워너브라더스는 그 시절 최고의 패션 아이콘이었던 흥행 보증 수표, 오드리 헵번을 기용해서 엄청난 제작비를 회수하고자 했다. 그런데 이 캐스팅에 대해 영국인들이 반기를 들었다. 전통을 중시하며 보수적이었던 그들은, 목소리 대역을 쓰면서까지 일라이자를 연기하는 오드리 헵번보다 뮤지컬에서 이미 성공을 거두었던 노래 잘하는 영국배우 줄리 앤드류스를 원했기 때문이다.

워너사는 노래 대역 배우로 〈웨스트사이드 스토리〉의 나탈리 우드Natalie Wood, 〈왕과 나〉에서 데보라 카Deborah Kerr의 노래 대역을 했던 마니 닉슨Marni Nixon을 발탁했다. 마니 닉슨이 노래한 작품 중 가장 유명한 것은 뭐니뭐니해도 오드리 헵번을 대신한 영화 〈마이 페어 레이디〉(조지 쿠커George Cukor 감독)였다. 오드리 헵번은 이 영화 출연으로 영화 역사상 두 번째로 100만 달러를 받는 여배우가 되었다. 전년도에 여배우로는 처음으로 100만 달러를 받아 화제가 됐던 〈클레오파트라〉의 엘리자베스 테일러Elizabeth Taylor를 이은 기록이었다. 비록 노래는 대역을 썼지만 이 작품은 오드리 헵번의 대표작 중 하나로 꼽히고 있다. 그러나 노래 대역 문제 때문에 〈마이 페어 레이디〉가 제37회 아카데미상 8개 부문에서 수상했음에도 불구하고 오드리 헵번은 여우주연상에서 제외되는 아픔을 겪어야 했다.

1900년대 초 에드워디언 시대의 패션스타일

영화의 배경은 에드워디언 시대의 런던이다. 이 시기는 빅토리아 여왕의 아들 에드워드 7세가 다스리던 1901년에서 1910년까지 시대로 이 시대 스타일을 '에드워디언 스타일'이라고 부른다. 이 스타일은 1914년 제1차 세계대전 전까지 유행했다.

영화에는 히긴스 저택의 라이브러리 장면이 유독 많았는데 이 저택은 프랑스의 몽포르 라모리의 성곽에서 영감을 받아 만들어졌다. 멋진 무대를 만들어 낸 지네 알렌Gene Allen, 세실 비튼Cecil Beaton, 조지 제임스 홉킨스George James Hopkins가 아카데미 베스트 무대디자인을 공동 수상했다. 이 중 세실 비튼은 20세기의 가장 빼어난 사진작가로 엘리자베스 테일러나 그레이스 켈리Grace Kelly 같은 할리우드의 전설적 여배우뿐 아니라 피카소, 프란시스 베이콘 같은 예술가들의 상징 이미지를 사진으로 만든 사람이다. 그는 이 영화에서 무대디자인뿐 아니라 영화의 사진, 의상까지 맡아 아름다운 에드워디언 시대 의상을 재현해 아카데미 의상상도 받았다.

비튼은 영화에서 엑스트라 의상까지 합쳐 1,000벌이 넘는 의상을 선보였다. 그는 꽃피는 에드워디언 시대의 예술배경 각 장면마다 최고의 의상을 선보였다. 이 의상들은 50년 후인 지금도 많은 영화에서 모방되고 있는 디자인이다.

세실 비튼이 디자인한 일라이자의 의상은 1900년 초 영국 에드워드 시대의 시대상과 상류사회의 특성을 고스란히 보여준다. 일라이자의 의상은 하이패션의 완벽한 전형이다. 1900년 초 의상은 사치스럽고 호화스러웠으나 색상은 중후했고 입는 사람의 지위를

나타냈다. 기본적인 실루엣은 부드럽고 유연했으며 아르누보 영
감에 의해 디자인은 단순화되고 생동감 있는 색채와 새로운 장식
방법이 인기를 끌었다. 의상 형태는 몸통을 코르셋으로 졸라매 가
슴을 강조한 S자형 실루엣이 1908년경까지 유행했다. 이 디자인은
하이네크 칼라가 달리고 가슴이 강조된 상의에 엉덩이는 꼭 맞고
아래쪽으로 갈수록 치마가 넓게 퍼지는 것이 특징이다. 낮에 입는
데이 웨어는 하이네크가 주를 이루었고 이브닝 웨어에는 깊게 파
진 V 네크라인이나 스퀘어 네크라인이 사용되었다. 여성의 사회활
동이 점점 증가하면서 치마 길이가 짧아지고 남성복 스타일에서
차용한 셔츠블라우스와 스커트가 널리 보급되기도 했다.

이 시기 패션을 주도한 디자이너는 1903년부터 제1차 세계대전

ⓒ 1912년 당시 유행한
호블 스커트와 매치한
미나렛 스타일 의상

이전까지 파리 패션계의 제왕으로 군림하던 폴 푸아레Paul Poiret다. 폴 푸아레는 1906년, 코르셋을 배제한 튜브형의 홀쭉한 모양으로 스커트가 무릎부터 좁아지는 호블 스타일hobble Style을 발표하여 20세기 패션에 커다란 영향을 주었다. 그가 1912년 발표한 전등갓 튜닉 스타일이라고도 불리는 미나렛 스타일le minaret은 호블 스커트와 매치되어 당대 유행을 이끌었는데 영화에는 이런 폴 푸아레의 스타일이 많이 등장한다.

의상의 사회적 의미를 노래한 최초의 영화

이 영화는 의상의 사회적 의미를 잘 설명해주고 있다. 세실 비튼은 일라이자의 사회적 지위 변화에 따른 의상의 변화를 절묘하게 보여주었다. 시간이 흐름에 따라 일라이자가 점차적으로 상류사회 사람이 되어가는 과정을 보여주어야 했기 때문에 영화에서 의상은 여러 번 스타일이 변화되었다. 헤어스타일과 메이크업도 의상과 마찬가지 변화의 단계를 거쳤다. 사각 얼굴형의 헵번은 시대의 진짜 인물같이 보이게 하기 위해 메이크업과 헤어디자이너에 의해서 실제보다 얼굴이 더 네모나게 보이도록 하는 분장까지 감수해야 했다.

영화의 처음은 부유한 그룹의 사람들이 오페라를 마치고 나오는 장면이다. 이 여성들은 비싼 장신구를 하고 컬러풀한 의상을 입고 있다. 오렌지, 퍼플, 블루, 골드, 블랙 색상의 드레스를 입고 꽃으로 장식한 커다란 모자를 쓰고 있다. 이들과 대조적으로 가난하게 일하고 사는 런던의 하류계급 사람들도 소개된다. 그들은 주로 브라운, 그레이, 블랙 색상으로 된 단순한 디자인의 의상을 입고 있다. 이 장면에서 헵번은 당시 런던의 전형적인 하류계급 의상 스타일인 베이지색 드레스 위에 그린 색상의 코트를 입고 브라운

색상 스카프를 하고 있다. 또 헝클어진 머리 위엔 검정 밀짚모자를 쓰는 등 하류계급을 대표하는 복장을 했다.

◎ 당시 런던의 전형적인 하류계급 의상 스타일의 꽃 파는 아가씨 차림을 한 일라이자

◎ 상류사회로 진입하는 순간의 그린 드레스

그런데 교육을 받으며 그녀의 태도와 옷차림에 조금씩 변화가 시작되었다. '스페인에서는 비가 오지 않는다.'란 문장을 처음으로 정확하게 발음했을 때 헵번은 아주 아름다운 그린 드레스를 입었고 처음으로 목걸이를 했다. 일라이자가 히긴스 교수를 사랑하기 시작했던 순간이고 상류사회로 합류되는 바로 그 순간이었다.

마침내 일라이자는 영국의 유명한 뮤지컬 스타인 거티 밀러 Gertie Millar가 즐겼던 옷차림인 에드워디언 스타일로 완성되었다. 에스컷 경마장에서 입은 드레스는 길고 우아한 실루엣으로 상류사회의 우아함을 구체화한 옷이다. 숨 막힐 듯이 아름다운 헵번의 이 의상은 후기 빅토리아 패션과 에드워디언 패션을 절묘하게 결합시킨 호화롭고 눈부신 의상이다. 그녀의 드레스는 그녀가 상류사회의 존경을 받는 지위 높은 여성으로 변화했음을 보여주는 도구다.

마법같이 탄생되는 역사적 아이코닉 의상

디자이너가 영화의상을 만들 때 종종 마법 같은 일이 일어난다. 역사적 아이코닉 스타일이 탄생되는 경우다. 사람들이 〈마이 페어 레이디〉를 여전히 사랑하는 이유는 오드리 헵번이 입은 아름다운 의상 때문이기도 하다. 이 중에서도 헵번이 검은색과 흰색이 매치된 드레스 차림으로 에스컷 경주에 등장하는 장면은 영화 전체의 백미다. 에스컷은 영국의 상류계급에서 발달한 스포츠 대회로 현재까지도 이어지며 역사와 전통을 자랑한다. 의상을 멋지게 차려 입은 신사 숙녀들은 사교와 유행의 장소인 에스컷의 경마에서 돈을 걸고 이 대회를 즐긴다. 영화의 에스컷 장면에 등장하는 모든 사람들은 하나같이 블랙 앤 화이트의 포멀한 의상을 입었다. 여성들은 다양한 스타일의 창조적이고 심미적인 커다란 모자를 쓰고 있고 세련된 드레스들은 진주, 깃털, 레이스, 흰색 꽃, 프릴 등으로 장식되었다. 또 대부분 우산을 들었다. 히긴스를 제외한 모든 남성은 비둘기 색상 의상으로 통일해 남녀 모두 패션쇼같이 조화된 장면을 연출했다.

이 장면에서 일라이자의 의상이 특별히 눈에 띈다. 영화 역사상 기억할 만한 의상으로 손꼽히는 이 의상은 세실 비튼이 직접 디자인했는데 지금까지도 '시간을 초월한 실루엣과 재단'이라는 찬사를 받고 있다. 레이스와 러플이 겹쳐 있는 인어 실루엣의 드레스, 커다란 모자, 잘록한 허리를 더욱 돋보이게 하는 새시sash와 벨트, 하이네크 칼라로 20세기 초 유럽의 패션을 아름답게 묘사했다. 흰색의 드레스에는 검정과 하양 줄무늬 리본이 달렸고 꽃을 장식한 커다한 모자는 의상과 완벽하게 어울렸다. 이 의상은 영화 〈사랑은 비를 타고〉로 유명한 배우 데비 레이놀즈Debbie Reynolds가 10만 달러에 샀었는데 2011년 경매에서 다시 최고가인 450만 달러(약

50억 원)에 팔렸다.

　에스컷 장면 의상만큼이나 사람들에게 사랑받는 의상이 하나
더 있다. 바로 대사관 무도회 장면 의상이다. 이제 무도회장에서
일라이자는 모습뿐만 아니라 교양미까지 넘치는 숙녀가 되었다.
그녀는 심플하지만 아주 화려한 신고전주의 스타일의 흰색 드레
스를 입고 빛나는 모습을 뽐냈다. 깊게 파진 목에는 크기까지 압
도적인 아름다운 다이아몬드 초커 목걸이를 하고 머리에는 다이
아몬드로 만들어진 앙증맞은 왕관을 쓰고 팔뚝까지 오는 흰색
장갑을 낀 완벽한 모습이다. 이 다이아몬드 초커 목걸이는 그 시
대 귀족들의 사랑을 받던 디자인이다. 에드워드 7세의 부인 알렉
산드라는 영화 속 일라이자처럼 당시 다이아몬드와 진주로 디자
인된 초커를 하고 있었고 영국 궁정에 이 스타일을 유행시켰다.
이 장면에 등장하는 다른 여성들은 파스텔 색상의 컬러풀한 드
레스를 입어 흰색 옷을 입은 일라이자의 우아함이 더 돋보인다.
이 흰색 무도회 드레스는 영국의 앤티크 의상을 그대로 사용한
것이다.

◎ 여성들은 블랙
앤 화이트의 포멀한
의상으로, 히긴스를 뺀
남성들은 비둘기 색상
의상으로 통일해서
패션쇼장을 연상시키는
에스컷 장면

회색 양복은 사랑하는 사람을 잃은 상심의 의미

히긴스 교수의 역할에는 록 허드슨Rock Hudson, 캐리 그랜트Cary Grant, 피터 오툴Peter O'Toole, 조지 샌더스George Sanders 등이 물망에 올랐으나 결국 렉스 해리슨Rex Harrison이 이 자리를 꿰찼다. 렉스 해리슨은 이 영화로 아카데미와 골든 글로브에서 남우주연상을 받았다. 영화의 대부분 장면에서 히긴스는 브라운이나 베이지 색상의 옷을 입고 나온다. 재미있는 것은 히긴스의 브라운 계통 의상이 일라이자가 좋아하는 초콜릿 색상에 맞추어져 있는 점이다. 브라운 색상은 강한 성격의 소유자인 히긴스의 견고함을 대변했다. 게다가 히긴스의 브라운과 베이지 색상 옷은 그의 집 분위기와 아주 잘 어울리는 것이기도 했다. 다만 일라이자가 그를 떠났을 때는 그레이 색상을 입었다. 그레이는 그의 상심을 담은 색상이다.

희곡 〈피그말리온〉과 영화 〈마이 페어 레이디〉는 언어의 올바른 사용에 대한 중요성을 담고 있다는 점에서는 시사점이 같지만 결론은 정반대다. 버나드 쇼의 〈피그말리온〉은 언어 교육을 통해 상류사회 여인이 된 주인공이 자존감을 회복하고 자신의 독립적인 길을 찾아나가지만, 버나드 쇼의 희곡을 영화로 만든 〈마이 페어 레이디〉는 하류 계급의 여성을 상류 사회인으로 교육시켜 완벽하게 변신한 그녀와 사랑에 빠진다는 결론이다. 〈마이 페어 레이디〉의 결론이 로맨틱하기는 하지만 어쩐지 버나드 쇼의 원작의 결론이 더 멋져 보이는 것은 무슨 이유일까?

◎ 영화의 대부분
장면에서 히긴스는
일라이자가 좋아하는
초콜릿 브라운이나
베이지 색상의 옷을
입고 나온다.

◎ 일라이자가 그를
떠났을 때 평상시의
브라운 색상이 아닌
그레이 색상을 입었다.

우리의 남은 모든 날들이 최고의 순간이길

 맘마미아! 2 Mamma Mia! 2 Here We Go Again, 2018

〈맘마미아! 2〉가 새 얼굴로 돌아왔다. 아바의 멤버인 베니 앤더슨 Benny Andersson과 비요른 울바에우스Bjorn Ulvaeus가 작곡한 아바의 노래를 바탕으로 캐서린 존슨Catherine Johnson이 쓴 뮤지컬 원작을 영화로 만들어 대 성공을 거둔 〈맘마미아!〉. 그 속편이다.

전편 〈맘마미아!〉는 그리스의 작은 섬에서 엄마 도나와 살고 있는 소피의 이야기를 그렸다. 결혼을 앞둔 소피가 엄마의 일기장을 보고 자신의 아버지로 추정되는 샘(피어스 브로스넌

◎나비목걸이를 하고 오버롤을 입은 릴리의 아이코닉 모습

Pierce Brosnan), 해리(콜린 퍼스Colin Firth), 빌(스텔란 스카스가드Stellan Skarsgård)의 이름을 알게 된다. 이 세 명 중 한 명이 소피의 아빠란다. 셋이 비슷한 시기에 엄마 도나의 애인이었기 때문이다. 소피는 진짜 아버지를 찾아 함께 결혼식장에 들어가기 위해 아버지로 추정되는 세 사람을 자신의 결혼식에 초대한다. 마치 2편을 예고한 것처럼 〈맘마미아!〉에서는 소피의 친부가 누구인지, 또 엄마인 도나가 세 명의 남자와 어디에서 어떻게 사랑을 하게 됐는지에 대한 설명이 없다. 그런데 〈맘마미아! 2〉는 이런 관객의 궁금증에 시원하게 답한다.

〈맘마미아! 2〉(올 파커Ol Parker 감독)의 시간적 배경은 전편으로부터 5년 뒤다. 장소는 그리스의 칼로카이리 섬 그대로다. 엄마 도나(메릴 스트립Meryl Streep)는 1년 전 사망했다. 소피(아만다 사이프리드Amanda Seyfried)는 엄마가 사랑했던 호텔 '벨라 도나'를 재개장하기로 한다. 호텔 개장식에는 세 명의 아빠, 25년간 소피를 찾지 않던 외할머니 루비(셰어Cher), 엄마의 단짝 친구 로지(줄리 월터스Julie Walters)와 타냐(크리스틴 배런스키Christine Baranski) 등 많은 사람들이 참석한다. 2편은 전편보다 앞선 과거와 현재를 동시에 펼치며 등장인물들이 자신의 관점에서 도나를 추억한다. 전편에서 보여주었던 모성애 장면은 한층 더 강렬하게 관객을 감동시킨다.

아바의 70년대 음악이 신세대에게 폭발적 인기를 얻은 이유

'비틀즈 다음은 아바'라는 말이 있다. 대중음악 관계자들이 한결같이 하는 말이다. 비틀즈에 이어 2위를 기록하는 4억 장 가까운 전체 앨범 판매량 때문만은 아니다. 아바의 음악이 70년대에 만들어진 것임에도 불구하고 세대가 완전히 바뀐 90년대에도 낡고 지루한 느낌은커녕 신세대들로부터 폭발적인 인기를 얻었기 때문이기도 하다. 전성기였던 70년대 못지않은 인기를 누리고 있던 1999년, 때맞춰 아바의 히트곡을 토대로 한 뮤지컬 〈맘마미아〉가 만들어져 영국 런던에서 초연된 것도 아바 열광을 부추긴 결과를 가져왔다.

스웨덴 남녀 혼성 4인조 팝그룹으로서 두 쌍의 부부로 이루어진 ABBA의 그룹명은 멤버 네 명의 이니셜을 따서 만들어졌다. 리드 기타 베니 앤더슨, 피아노와 키보드에 비요른 울바에우스, 보컬을 맡은 애니프리드 린스태드Annie-Frid Lyngstad와 아그네사 펠트스코크Agnetha Faltskog는 1974년, 아바 이름으로 발표한 최초 작품인 'Waterloo'로 유러비전 송 콘테스트에서 그랑프리를 거머쥐고 일약 세계적인 스타로 떠올랐다. 'Mamma Mia', 'Fernando', 'Dancing Queen', 'Honey Honey', 'Gimme! Gimme! Gimme!', 'Chiquitita' 등 수많은 히트곡을 통해 그들이 번 돈은 스웨덴 국왕의 재산보다도 더 많다고 알려졌지만, 구성원이던 두 부부가 각각 이혼하면서 아바는 해체되었다.

음악적 측면과 영상미에서 전작을 뛰어넘다

영화의 음악감독을 담당한 아바의 멤버, 비에른 울바에우스와 베니 앤더슨은 2편을 만드는 데 확신이 없었다. 성공한 오리지널 〈맘마미아〉 작품성이 훼손될까 해서였다. 대중들도 2편이 전작의 완성도와 흥행에 미치지 못할 것이라고 예상했다. 하지만 기우였다. 〈맘마미아! 2〉는 전편보다 구성 면에서 더욱 풍성해진 18곡의 OST, 뮤지컬 스테이지를 방불케 하는 연출과 두 눈을 사로잡는 영상미까지 더해 감동을 배가했다. 노래와 춤, 향수를 불러일으키는 복고풍의 스타일, 뛰어난 자연의 영상미, 그리고 단단

한 스토리가 어우러져 많은 관객들에게 신선한 감동을 넘어 울림을 안겨준다. 음악성으로 무장한 도나와 세 남자친구, 엄마의 친구 타냐와 로지의 젊은 시절을 만나는 즐거움도 크다. 1편에는 담기지 않았던 'Andante, Andante', 'Knowing me, knowing you'와 'Fernando'는 2편에 새로운 활기를 불어넣으며 음악의 측면에서 전작을 넘어선다. 특히 여성인지 남성인지 종잡을 수 없는 풍부한 울림을 가진 소피 할머니역의 셰어가 마지막에 부른 'Fernando'는 관중을 매혹시키기에 충분했다. 전작에 이어 음악 프로듀서로 참여한 원곡자 베니 앤더슨, 비요른 울바에우스의 공이 크다.

1970년대 레트로 스타일을 현대에 접속시킨 의상으로
영화의 완성도를 높이다

〈맘마미아! 2〉의 빼놓을 수 없는 관전 포인트는 의상이다. 캐릭터와 완벽한 싱크로율을 보이는 의상은 영화에 활기를 불어넣었다.

네 번의 에미상 의상상 수상자이며 〈왕좌의 게임〉 의상감독으로 잘 알려진 미셸 클랩튼Michele Clapton이 의상을 맡아 젊은 시절 도나와 친구들, 도나 남자친구들의 70년대 의상을 흥미 있게 보여준다. 영화의 무대가 그녀가 좋아하는 의상들이 있는 70년대였기 때문에 영화 의상감독을 수락했다 하니 그녀가 디자인한 의상이 얼마나 활기차게 표현되었는지 알 만하지 않은가? 현재 유행하는 스타일을 적절히 가미해 만든 1970년대 레트로 스타일은 영화의 완성도를 높였다.

1970년대는 여성 파워가 강해지면서 일상적이고 편안함을 추구하는 의상스타일이 유행하고, 바지정장이 유행을 주도했던 시절이다. 이 시기의 가장 큰 바지 패션 트렌드는 극도로 짧은 바지인 쇼츠와 엉덩이는 딱 맞고 바짓단 아래로 내려가면서 넓어지는 벨보텀Bell-Bottoms 바지다. 바짓단의 직경이 32인치(약 80cm)까지 넓어져 바닥을 다 쓸고 다닐 지경이었다. 스커트 역시 아주 짧거나 긴 기장으로 극과 극을 이룬 스타일이 유행했다. 바닥이 평평하게 전체적으로 키를 높이는 플랫폼 슈즈는 짧거나 길거나 넓은 어떤 의상 스타일에 다 잘 어울렸다. 플랫폼 스타일 고고 부츠도 디스코가 유행함에 따라 디스코 의상뿐 아니라 일반 스커트나 바지에도 잘 어울렸다. 상의는 딱 달라붙는 티셔츠, 드레스는 꽃무늬의 하늘거리는 스타일도 사랑받았다.

영화의상 콘셉트는 히피 스타일, 디스코 스타일, 진 스타일, 바지정장 스타일

미셸에게는 의상디자이너 앤 로스Ann Roth가 맡았던 전편의 의상 스타일과 발을 맞추어야 하는 것이 스트레스였다. 일정 부분은 전편에 맞추어 연결된 콘셉트를 유지해야 했기 때문이다. 70년대의 기본 트렌드에 따라서 미셸은 영화의 의상 콘셉트를 히피 스타일, 진 스타일, 디스코 스타일, 바지정장 스타일로 잡았다. 쉽지 않았던 점은 과거와 현재시점이 교차되는 부분에서 같은 배역의 젊은 캐릭터와 나이 든 캐릭터의 조화를 염두에 두어야 했던 점이다. 그녀는 70년대 패션의 큰 특징인 색상으로 나이와 지역 차이를 구별했다. 도나의 옥스퍼드 대학 시절은 다크 블루, 그린, 브라운으로, 파리에 들렀을 때는 햇볕에 그을린 색상, 연보라, 톤을 낮춘 핑크 등의 세련된 색으로, 그리스를 배경으로 한 장면은 아주 밝고 깔끔한 지중해빛 푸른색, 흰색, 오렌지색 등으로 색상 팔레트를 정했다.

도나가 세 명의 남자를 만난 이유

등장인물 중에서는 우선 주연인 릴리 제임스의 의상 설정이 가장 중요했다. 영화 〈신데렐라〉(2015)에서 신데렐라를 연기한 릴리 제임스는 클래식과 팝 발성의 장점을 모두 살린 탄탄한 가창력으로 전편에서 메릴 스트립이 연기한 도나의 젊은 시절 역을 꿰찼다.

졸업식을 남다르게 장식한 도나는 첫 여행지 프랑스에서는 해리를, 이어 그리스 칼로카이리 섬에 들어가는 길에서는 빌을 만났다. 이 둘과 헤어지고는 곧 칼로카이리 섬에서 샘을 만나 세 번째 사랑을 했다. 세 명의 남자친구가 있었지만 아빠가 누구인지 모르는 딸을 낳은 여성으로 설정된 도나이기 때문에, 남성에게 희생당한 여성이 아니라 강인하고 현대적인 여성으로 표현되어야 했다. 미셸은 릴리의 의상 콘셉트 설정을 위해 1970년대에 활동한 미국의 싱어송라이터이자 가수인 스티브 닉스Stevie Nicks, 1985년 베니스영화제 여우주연상을 받은 배우이자 가수 제인 버킨Jane Birkin과 옥스퍼드대학 출신의 요리연구가 니겔라 로슨Nigella Lawson의 모습을 연구했다. 이 중에서도 1970년대 가수 제인 버킨의 의상 스타일에서 많은 영감을 받았다.

이 영화 의상에서 신발은 캐릭터를 표현하는 중요한 요소로 작용했다. 일반적으로는 의상 자체가 주인공의 성격을 설명해주는 중요한 도구로 사용되는데 〈맘마미마! 2〉에서는 특이하게 신발과 목걸이 등 액세서리가 그 역할을 했다.

도나는 남성 부츠처럼 생긴 프라이 부츠Frye boots나 밑창이 평평하게 높은 플랫폼 부츠platform boots를 많이 신어서 그녀의 강인함과 자기주도적인 삶을 나타냈다. 미셸 감독은 온라인 숍 엣시Etsy에서 장면에 딱 맞는 부츠를 구입했지만 아쉽게도 릴리에게 너무 작아서 그대로 사용하지 못하고 그녀에게 맞는 사이즈로 다시 만들어야 했다.

나비모양 메탈 펜던트 목걸이는 영화 내내 릴리가 착용하여 릴리의 상징으로 사용된 액세서리다. 런던에서 구입한 70년대 오리지널 나비목걸이는 사이즈가 너무 커서 이것 역시 디자인을 카피한 후 작은 사이즈로 만들었다.

◎ 1970년대 가수 제인 버킨

◎ 그리스로 가는 배에서 입은 비치는 튜닉과 숏 팬츠와 부츠

◎ 전편에서 오버롤을
입은 메릴 스트립 모습

◎ 프릴을 단 벨 보텀
바지를 입은 도나와
친구들

영화의 아이코닉 패션은 데님 오버롤 진

영화에서 보여준 의상 중에 70년대 재단의 대표는 바로 데님으로
된 오버롤 작업복 바지다. 전편에서 메릴 스트립의 상징 의상으로
나왔던 오버롤 스타일을 재현한 것은 관객을 파티에 초대하는 듯
한 모습이었다. 젊은 도나는 전편에서 엄마 도나의 상징 스타일인
데님 오버롤과 아주 얇아서 속이 비치는 튜닉(여성용 헐렁한 옷)을
입고 챙 넓은 모자를 쓰고 나왔다. 챙 넓은 모자는 플랫폼 슈즈와
함께 도나가 2편에서 즐겨 사용한 액세서리다. 이외 도나는 그리
스풍 보헤미안 스타일의 속이 비치는 튜닉, 하이웨이스트 숏 팬츠,
70년대에 크게 유행한 바짓단 쪽으로 향할수록 퍼지는 벨 보텀 바
지, 컬러풀한 꽃무늬의 맥시 스커트를 주로 입고 나왔다. 이 의상
들은 LA 빈티지 의상점이나 런던 최고의 빈티지 마켓 중 하나인
포토벨로 마켓Portobello Market에서 구입한 오리지널을 그대로 또는
복제해서 사용했다.

　프랑스 레스트랑에서 'Waterloo'를 부를 때 릴리가 입은 재킷
드레스는 LA에서 빈티지 의상을 사서 복제했다. 이 옷은 70년대의

색상이 알록달록하게 많이 섞여 있는 패턴이어서 디지털 프린트 하는 데 의상팀이 특히 많은 애를 먹었다고 한다.

◎ 셰어가 등장하는 장면에 입은 흰색 정장으로 테일러링이 돋보인다.

◎ 콜린 퍼스와 스텔란 스카스가드의 스판덱스 의상

72세의 셰어가 영화에 신선한 매력을 더하다

관객들은 마지막 부분에서 등장한 음악, 패션, 영화, TV의 전설인 72세 셰어의 독보적인 모습에서 그녀가 노래를 부르기 전에 이미 압도당한다. 나이를 잊은 가수 셰어는 첫 등장 장면에서 흰색 슈트를 입고 흰색 지팡이를 들고 짙은 선글라스를 썼다. 두 번째는 보석으로 장식되고 몸에 달라붙는 벨벳 점프슈트를 입었는데 이 는 실제 셰어의 의상이다. 셰어는 자신에게 어울리는 의상 스타일 을 정확하게 아는 사람으로 의상감독이 제시한 의상을 거절하고 자신의 슈트케이스에서 이 의상들을 꺼냈던 것이다.

영화의 마지막 부분에서는 의상이 먼저 선택된 후 의상에 맞는 노래가 정해졌다. 프로듀서 주디 크레이머Judy Craymer는 영화의 중 요한 부분을 차지할 피날레 노래를 결정하기가 어려워 마지막까 지 결론을 내지 못했다. 아바 멤버인 비요른과 베니가 'Dancing

Queen'을 마지막에 다시 넣지 않겠노라고 선언했기 때문이다. 노래 곡목이 결정되는 대로 바로 촬영을 들어가야 하는데 노래가 결정되지 않으니 의상감독은 어떤 의상이라도 준비를 해두어야 했다. 일단은 스판덱스 의상과 플랫폼 부츠를 준비한 후에 그 의상에 어울리도록 등장한 노래가 바로 'Super Trouper'다. 영화에 등장한 모든 사람이 불렀던 피날레 장면 노래다. 이 장면의 의상들은 70년대뿐 아니라 다른 여러 시기에서도 영감을 받아 믹스된 의상으로 반짝이, 스팽글, 라인스톤이 달린 화려한 패션이 특징이다.

이 장면에서 젊은 샘(제레미 어바인Jeremy Irvine), 젊은 해리(휴 스키너Hugh Skinner), 젊은 빌(조쉬 딜란Josh Dylan)뿐 아니라 나이 든 샘, 해리, 빌도 똑같은 모습으로 딱 달라붙는 스판덱스 의상을 입었다. 의상감독은 마지막 장면에서 나이 든 샘, 해리, 빌의 의상을 고민했다고 한다. 이 중에서도 가장 고민이었던 사람은 바로 영국 신사복 패셔니스타로 잘 알려져 있는 콜린 퍼스였다. 그러나 마지막에는 그도 스판덱스 의상을 입는 것을 영화배우로서의 도전으로 받아들였다.

밝음과 미래가 넘쳐나는 행복 가득한 영화 〈맘마미마! 2〉.
"행복하게 사는 건 그렇게 어렵지 않아요. 너무 많은 생각이 고민과 걱정을 만드니 이것을 조금 내려놓으면 더 행복해질 수 있지 않을까요? 우리의 모든 남은 날들이 최고의 순간이길…."
영화 속 도나의 말이다.

꿈꾸는 그대를 위하여, 상처 입은 가슴을 위하여, 우리의 사랑을 위하여

● 라라랜드 La La Land, 2016

'사랑'과 '낭만'이라는 단어가 잘 어울리는 〈라라랜드〉는 재즈 뮤지션과 영화배우 지망생의 꿈과 사랑을 뮤지컬로 표현한 음악영화다. 이 영화는 2016년 베니스 영화제에서 개막작으로 초연된 데이어 2017년 아카데미상 역대 최다인 14개 부문에 후보로 지명되어 감독상(데이미언 셔젤Damien Chazelle)과 여우주연상, 주제가상을

◎영화의 아이콘이 된 노란색 드레스. 노란색 드레스는 어둠이 내리는 보라색 배경과 아름다운 조화를 이루었다.

비롯해 6개 부문을 수상했고 같은 해 골든 글로브에서는 7개 부문에 후보로 올라 사상 처음 영화 뮤지컬 부문 작품상, 감독상, 각본상, 여우주연상, 남우주연상, 음악상, 주제가상으로 7개 부문의 상을 석권했다. 골든 글로브 7개 부문 수상은 골드 글로브 역사상 처음 있는 일이라니 〈라라랜드〉는 가히 2016년 최고의 영화라고 할 만하다.

<쉘부르의 우산>으로 뮤지컬 영화감독을 꿈꾸다

데이미언 감독의 영화는 영상이나 대본만큼이나 음악이 스토리텔링의 주 역할을 한다. 데이미언 감독이 음악영화를 만들겠다는 결심을 한 것은 고등학교 시절 뮤지컬 영화 〈쉘부르의 우산〉을 보면서부터였다. 그의 야심작 〈라라랜드〉는 2006년에 이미 각본이 완성되었지만 투자하겠다는 제작자가 아무도 없자 우선 고등학교 시절 밴드부 활동을 했던 경험을 바탕으로 만든 영화 〈위플래쉬Whiplash, 2014〉로 자신의 이름을 알리고자 했다. 그런데 뜻밖에 〈위플래쉬〉가 2015년 아카데미상 3관왕 등 각종 영화상을 휩쓸면서 크게 히트를 치게 되자 주가가 높아진 데이미언 감독은 〈사랑은 비를 타고Singing In The Rain, 1952〉, 〈쉘부르의 우산The Umbrellas Of Cherbourg, 1964〉, 〈스윙 타임Swing Time, 1936〉, 〈밴드 웨건The Band Wagon, 1953〉 같은 1930~1960년대의 뮤지컬 영화들을 참조해서 〈라라랜드〉를 제작했다.

젊은 날의 꿈과 로맨스

3개월간의 리허설을 거쳐 42일 동안 촬영한 후 1년의 편집을 거친 이 영화의 주제는 '젊은 날의 꿈과 로맨스'다. 영화의 제목인 〈라라랜드〉는 영화의 주된 배경인 '로스앤젤레스'의 별명으로 '로스 앤젤레스에 대한 러브레터'이자 '현실과 동떨어진 비현실적이고 꿈같은 세계'를 의미한다.

이 영화로 2017년 아카데미와 골든 글로브에서 음악상과 주제 가상을, 영국 아카데미에서 주제가상을 받은 음악감독은 데이미 언 감독과 하버드 대학 동기이자 그와 세 번이나 음악영화에서 호 흡을 맞추었던 저스틴 허위츠Justin Hurwitz다. 그는 데이미언 감독 의 옆방에 기거하면서 감독과 긴밀한 협력을 통해 8개월 동안 영 화 음악작업을 했다. 주인공들의 이야기를 풀어내는 데 스토리텔 링 역할을 한 주옥같은 음악은 이렇게 감독과의 친밀하고 긴밀한 교감, 집중된 작업으로 만들어진 것이었다. 특히 사람들의 가슴을 파고드는 주제곡을 만들기 위해서 그는 피아노 데모곡을 190곡이 나 만들었다. 그런데 그가 영화에서 가장 아끼는 곡은 주제가상을 받은 'City of Stars'가 아니라 배우 지망생 미아가 그녀의 오디 션에서 부른 'Audition'이라고 한다. 이 곡은 주인공 미아가 감정 적으로 가장 연약한 순간에 자신의 솔직한 마음을 절실하게 꺼내 보이는 곡이기 때문이다.

사랑 속에서 피어나는 꿈과 희망

주인공인 재즈 피아니스트 세바스찬과 여배우가 되고 싶어 하는 미아는 서로 사랑을 나누는 사이면서 동시에 희망을 북돋아주는 사이다. 이 영화로 세 번째 호흡을 맞춘 미아 역의 엠마 스톤Emma Stone과 세바스찬 역의 라이언 고슬링Ryan Gosling은 환상적인 호흡을 보여주었다. 라이언 고슬링은 디즈니 영화 〈미녀와 야수〉와 〈라라 랜드〉에 동시 캐스팅됐는데 둘 다 뮤지컬 영화여서 고민 끝에 〈라 라랜드〉를 선택했다고 한다. 두 주인공은 연기뿐 아니라 노래와 댄스, 연주까지 직접 맡았다. 특히 어렸을 때부터 17,000여 명의 경쟁자를 물리치고 '미키마우스 클럽'이라는 유명 TV쇼에서 2년 동안 저스틴 팀버레이크Justin Timberlake, 브리트니 스피어스Britney Spears, 크리스티나 아길레라Christina Aguilera 등과 함께 활약을 했을 만큼 음악적 실력을 갖춘 라이언 고슬링은 영화를 위해서 일주일에 6일, 하루 네 시간씩 피아노 연습을 했고, 결국 영화에 나오는 모든 피아노 연주장면을 대역과 CG 없이 소화했다.

너무나도 강렬해서 영화 시작과 함께 관객들을 감동으로 몰아넣은 오프닝 장면은 실제 LA 고속도로에서 3주 동안 촬영한 결과물이다. 이 장면은 100명이 넘는 무용수가 3개월 동안 연습해서 고속도로를 막고 20회에 걸쳐 촬영되었다.

미술 요소 중 색상이 영화의 스토리를 이끌어

의상을 맡은 메리 조프레스Mary Zophres는 스토리와 장소의 변화뿐 아니라 등장인물의 섬세하게 변화하는 감정까지 돋보이게 했다는 평가를 얻고 아카데미 의상상에 노미네이트 되었다. 일반적인 뮤지컬 영화는 의상에 초현실성을 부여하게 마련이지만 〈라라랜드〉 의상은 현실성에 입각해서 만들어졌다. 데이미언 감독은 메리 조프레스 의상 감독에게 젊은 여성의 현실적인 패션을 요구했다. 감독의 요구에 따라 조프레스는 우선 도서관에서 로맨틱 뮤지컬과 영화 필름들을 빌려서 여러 세대에 걸친 배우들의 매혹적이거나 특별한 모습 중에서 영화에 부합하는 배우의 이미지를 골랐다. 특히 여배우의 전설인 그레이스 켈리Grace Kelly, 잉그리드 버그만Ingrid Bergman, 캐서린 헵번Katharine Hepburn, 줄리 크리스티Julie Frances Christie와 남자 배우로는 프레드 애스테어Fred Astaire, 말론 브란도Marlon Brando의 스타일을 참고했다. 2010년대 배경의 영화지만 이 영화가 할리

◎ 컬러풀한 색상이
돋보이는 영화
<쉘부르의 우산>

◎ <쉘부르의 우산>의
길거리 데이트 장면

◎ 미아와 세바스찬의
데이트 의상이
<쉘부르의 우산>에
나온 색상과 같다.

우드의 1930~50년대 분위기를 주는 이유는 30년대에서 50년대에 활약한 배우들의 이미지를 차용했기 때문이다. 자료를 찾던 중 조 프레스는 미술적 배경과 의상의 색상이 잘 매치된 1964년 뮤지컬 영화 〈쉘부르의 우산〉에 나오는 색상에 매료되었다. 조프레스는 미술담당 디자이너와 긴밀하게 협력하여 의상, 배경, 조명 색의 조화를 통해서 색상이 〈라라랜드〉를 이끌어가는 중요하고도 디테일한 요소가 되도록 했다.

총 천연색을 도입한 뮤지컬 영화의 황금시대를 오마주하다

영화의 스토리 전개는 정확하게 주인공 미아의 의상과 맥락을 같이한다. 의상은 꿈을 이루기 위해서 분투노력하는 캐릭터인 미아의 상황과 감정선을 잘 보여주는 도구다. 특히 다양한 원색 의상의 변화로 스토리를 전개함으로써 총 천연색 색상을 도입했던 할리우드 뮤지컬의 황금시대에 대한 오마주를 보여주었다. 미아와 세바스찬의 길거리 데이트 장면이 〈쉘부르의 우산〉에서 두 주인공이 데이트하는 장면의 의상 색상과 정확히 일치하는 것은 뮤지컬 황금시대에 대한 오마주의 단적인 예라고 할 수 있다. 조프레스는 과장된 스타일을 배제하고 색상에 초점을 맞추어 의상의 콘셉트를 클래식하고 로맨틱하게 설정했다.

색상의 상징성을 활용한 의상 콘셉트

◎ 미아가 세바스찬과 공식적인 첫 데이트를 할 때 입은 초록색 드레스

◎ 로열 블루 색상의 드레스는 주위 배경인 클럽의 빨간색 조명과 대조되어 감각적으로 보인다.

대부분 미아의 드레스는 의상팀이 직접 만들었다. 콘셉트에 맞는 컬러풀한 의상들을 구입하려 했지만 가게에서 파는 의상들은 검정 일색이었기 때문이다. 미아와 친구들이 빨강, 노랑, 파랑, 초록 등 찬란한 색상의 드레스를 입고 거리에서 춤추는 모습에서 보듯

◎ 미아와 친구들이
빨강, 노랑, 파랑, 초록의
컬러풀한 드레스를 입고
거리에서 춤추는 모습은
밝고 에너지가 넘친다.

이 영화 전반부에서 미아의 의상은 밝고 에너지가 넘친다. 이 의상은 미아와 친구들의 꿈을 전달하는 요소로 작용했다.

처음 미아가 세바스찬의 음악에 빠질 때 입었던 로열 블루 색상의 드레스는 주위 배경인 클럽의 빨간색 조명과 대조되어 감각적으로 보인다. 두 번째 배경과의 조화로 눈에 띄는 의상은 영화의 아이콘이 된 노란색 드레스다. 밝고 대담하며 복고풍 느낌이 나는 이 드레스는 어둠이 내리는 보라색 배경과 보색을 이루어 선명하고 아름다운 조화를 이루었다.

변화를 상징하는 의미의 노란색 드레스는 두 주인공의 마음에 불꽃이 튀는 장면에 마술과도 같은 시각적인 환상을 더했다. 영화의 상징적 드레스가 된 이 옷은 엠마 스톤이 레드카펫에서 입었던 의상 중에서 가장 아름답다고 평가를 받은 2014년 베르사체의 의상을 참고해서 만들었다.

그런데 블루, 노란색 드레스보다 더 심플하고 우아한 의상은 미아의 초록색 드레스다. 자신이 세바스찬을 사랑하고 있음을 깨닫고 세바스찬에게 달려갈 때 입은 초록색 드레스는 사랑의 시작을 의미한다. 세바스찬과 공식적인 첫 데이트를 할 때 입은 이 드레스는 1954년 〈스타 이즈 본〉에서 주디 갈랜드가 입은 의상을 참고한 것이다.

영혼이 상처로 가득 찼을 때 입은 무채색 의상

둘의 사이가 끈끈해지고 배우로서 자신감을 갖게 되면서 미아의 옷은 대담한 색상을 탈피해갔다. 의상의 색상 톤이 감소되고 덜 극적인 모습으로 변화된 것은 이제 그녀가 강렬한 옷으로 자신을 드러낼 필요가 없어졌다는 것을 설명하는 것이다.

스토리가 전개되면서 둘의 사이가 멀어지고 미아가 더 이상 꿈

◎ 성공한 여배우의
현실을 대변하는 검정
드레스

◎ 꿈을 상징하는
흰 드레스는 <스윙
타임>에서 진저
로저스가 입었던 의상을
오마주한 의상이다.

◎ 세바스찬의 스리피스
복고풍 정장의상

◎ 고슬링의 재킷과 바지
콤비의상. 베이지와
브라운의 동색계열코디
색상이 조화롭다.

을 꾸지 않고 영혼이 상처로 가득 차게 되었을 때는 의상색이 더
옅어져서 완전히 무채색으로 바뀐다. 의상에 색상에 없어진 미아
는 더 이상 복고 스타일 드레스도 입지 않게 된다.

미아와 세바스찬이 헤어지고 5년 후 다시 재회하는 장면에서 의
상디자이너는 영리하게도 검정과 흰색 드레스의 대조를 통해서
꿈과 현실의 관계를 규정지었다. 이 장면에서 미아가 입은 우아하
고 견고한 스타일의 검은색 드레스는 성공한 여배우의 현실을 대
변하고, 여러 겹의 실크 쉬폰으로 된 천사 같은 흰색 드레스는 꿈
을 상징한다. 꿈을 상징하는 흰 드레스는 1936년 영화 〈스윙 타
임〉에서 진저 로저스Ginger Rogers가 입었던 의상을 오마주했는데 이
흰색 드레스는 조프레스가 스스로 영화에 나온 의상 중 최고라고
평가한 옷이다.

2017년 세계 여배우 개런티 순위 1위에 오르다

〈라라랜드〉의 가장 큰 수혜자는 여주인공 엠마 스톤이다. 원래 이
역할은 엠마 왓슨Emma Watson이 맡기로 되어 있었지만 엠마 왓슨이
같은 해의 뮤지컬 영화 〈미녀와 야수〉를 택하는 바람에 행운의 주
인공 역이 엠마 스톤에게 돌아갔다. 이 영화를 통해 엠마 스톤은
독자 투표와 심사를 통해 미국 타임지가 선정한 2017년 '영향력
있는 100인'에 뽑혔다. 이어서 그녀는 2017년 세계에서 가장 많은
출연료를 받는 여배우로 이름이 올랐다. 미 연예매체 '버라이어티'
는 2017년 아카데미 여우주연상, 미국 배우조합 여우주연상 등을
휩쓴 엠마 스톤이 2,600만 달러(300억 원)의 수입으로 2017년 개런
티 순위 1위에 올랐다고 전했다.

세바스찬의 의상 스타일은 재즈 피아노계의 쇼팽이라고 불리
는 빌 에반스Bill Evans와 배우 제임스 딘James Dean, 영화무용에 새 경

지를 개척한 배우 프레드 아스테어Fred Astaire
로부터 영감을 받았다. 세바스찬의 의상은
고상하고 요란하지 않은 그의 캐릭터에 맞
춘 1930~40년대 스타일로서 세련되고 격식
을 차린 옷차림이면서도 시간을 초월해 사랑
을 받는 클래식한 의상이다. 그의 의상은 진
바지에 스니커즈와 셔츠를 걸친 스타일이 아
니라 과거 존경받던 음악가들의 의상 스타일
이다. 대부분 맞춤복인 그의 의상은 영화 의
상과 재즈 의상을 참고해서 정중한 느낌으로
만들었다. 의상 예산의 제한 때문에 조프레
스는 고슬링에게 다섯 개의 셔츠, 두 개의 바
지, 세 개의 재킷을 장면마다 다르게 조합하
여 번갈아 입혔다. 고슬링은 단 한 번 스리피
스 정장 슈트를 입고 나왔고 대부분은 재킷
과 바지의 콤비 스타일이었다. 댄싱 장면을
위해 고슬링의 바지는 스트레치가 잘 되는
울 소재로 제작하였다. 그의 바지는 허리선이
높고 앞 주름이 잡혀 바지통이 넓은 복고풍
바지다. 어깨패드가 도드라지고 라펠도 넓은
폭의 오버사이즈로 디자인된 복고풍 재킷 속
에는 부드러운 소재의 품이 넉넉한 셔츠를 입
었다.

조프레스는 세바스찬의 검정과 흰색의 투
톤 색상의 구멍 뚫린 장식이 있는 굽 낮은 브
로그 슈즈에 캐릭터 성격을 부여했다. 이 구
두는 복고풍이면서 엉뚱한 매력을 갖는다.

두 연인이 처음 춤을 추는 장면에서 두 사람이 똑같이 투톤으로 된 구두를 신은 것은 두 사람의 감정선이 연결된다는 것을 염두에 둔 조프레스의 치밀한 계산이었다. 조프레스는 앞굽을 대어 굽을 최대한으로 7.5센티미터까지 높게 제작해서 댄스 장면의 효과를 크게 전달했다.

영화와 패션의 컬래버레이션

조프레스는 영화에서 선보인 미아와 세바스찬 의상들을 2017년 시카고에 기반을 둔 고급 의상브랜드 트렁크클럽Trunk Club과 컬래버레이션으로 새롭게 출시했다. 또 세계적 패션 브랜드들은 세바스찬의 스타일을 채택하여 2017년 남성복 컬렉션으로 앞주름이 잡혀 바지통이 넓으며 어깨패드가 도드라지고 넓은 라펠을 가진 오버사이즈 스타일의 의상을 많이 내놓았다.

이 영화, 씁쓸한 결말인데도 보고 나서 이상하게 행복감이 차오른다. 그래서인지 다양한 변주로 영화를 주도한 주제곡은 영화가 끝나고도 계속 귓가에 남아 있다. 사랑은 슬픈 결말이고 꿈은 행복한 결말이다.

데이미언 감독이 이 영화가 '꿈을 향한 러브레터'라고 말했듯이 이 영화의 키워드는 '꿈'이다. 더 정확하게 말한다면 꿈과 사랑의 관계다. 주인공들은 사랑보다 꿈을 택했다. 하나를 택하면 하나를 버려야 한다고 말하는 사람들이 많다. 과연 선택이란 반드시 하나의 성취를 위해서 다른 하나의 포기를 의미하는 것일까?

"꿈꾸는 그대를 위하여,

상처 입은 가슴을 위하여,

우리의 사랑을 위하여"

◎ 두 사람이 똑같이
투톤으로 된 구두를
신은 것은 두 사람의
감정선이 연결된다는
것을 의미한다.

◎ 세바스찬 의상에서
영감을 받은 베테가
보네타의 2017년
봄/여름 패션쇼 의상

세상에서 가장 화려한 댄스, 프렌치 캉캉

🔴 **물랑 루즈** Moulin Rouge, 2001

© 로트레크, At The
Moulin Rouge, The
Dance, 1890

1899년 오픈한 후 프렌치 캉캉을 처음 선보여 당시 파리 사교계의 정점이 되었던 파리 몽마르트에 있는 '물랑 루즈Moulin Rouge'가 2019년 설립 130주년을 맞았다. 대단한 역사다. '물랑 루즈'와 '캉캉 춤'은 19세기말 벨 에포크La belle époque를 상징하는 이름이기도 하다. 물랑 루즈가 설립된 1899년은 당시 예술가, 문학가, 배우, 지식인들이 추구했던 보헤미안 혁명이 있던 시기다. 보헤미안 혁명을 통해 지식인들은 사회의 관습에 구애되지 않고, 자유분방한 생활 운동을 표방하며 자유, 사랑, 진리를 탐구했다. 음악, 댄스, 연극과 섹스에 대한 현대적 분위기가 도처에 가득했고 쾌락주의와 물질주의의 성향으로 수많은 댄스홀과 클럽이 우후죽순 생겨났다. 사람들은 유행에 뒤처지지 않는 스타일을 유지하기 위해 옷과 장식품에 많은 돈을 소비했고 무도회, 디너파티 등이 유행하면서 쾌락과 환락의 시대가 열렸다. 1885년부터 1909년까지 유럽과 미국 각지의 사회적 분위기는 이렇게 과시적이면서 화려한 기류가 팽배했다. 이 중에서도 1899년 세기 말의 파리, '붉은 풍차'란 뜻의 물랑 루즈 카바레는 파리 사교계의 최정점이었다.

쾌락과 환락의 시대상을 <물랑 루즈>에 담아

바즈 루어만Baz Luhrmann 감독은 이런 벨 에포크 시대상을 2001년 영화 <물랑 루즈>에 오롯이 담았다. 산업혁명과 도시화가 이루어지던 19세기 말 파리, 현존하는 관광명소인 극장 식당 물랑 루즈를 무대로, 신분 상승과 성공을 꿈꾸는 아름다운 뮤지컬 가수 샤틴과 그녀에게 반한 젊은 시인 크리스티앙의 사랑과 비극적 결말을 그려낸다. 영화의 주인공인 크리스티앙(이완 맥그리거Ewan McGregor)은 보헤미안을 대표하는 인물이다. 보헤미안 혁명의 중심은 바로 몽마르뜨였고, 주인공 크리스티앙도 보헤미안 혁명에 이끌려 몽마르뜨에 갔다가 운영적인 여인 샤틴(니콜 키드먼Nicole Kidman)을 만나게 된다. 샤틴은 물랑 루즈의 새로운 쇼 'Spectacular! Spectacular!'에서 주인공을 맡은 창녀이자 쇼걸이다. 당시 샤틴 같은 창녀들은 값비싼 의상과 화려한 겉모습으로 언론과 대중의 주목을 받았다.

영화의 전체 장면은 오스트레일리아 시드니에 있는 '폭스 스튜디오'에서 촬영되었다. 바즈 루어만 감독에게 '비주얼의 제왕'이라는 타이틀을 안겨준 〈물랑 루즈〉는 화려한 색감, 19세기 말 파리의 모습을 완벽하게 재현한 현란한 조명과 화려한 무대, 100명이 넘는 실제 무용수와 수백 명의 엑스트라의 강렬한 음악, 의상, 댄스 등으로 완성도 있는 뮤지컬 영화를 선보였다.

〈물랑 루즈〉는 2001년 제54회 칸영화제 개막작으로 초청돼 오프닝을 화려하게 장식했고 2002년 제59회 골든 글로브 시상식에서 작품상, 여우주연상, 작곡상을 수상했다. 또 제74회 아카데미 시상식에서는 뮤지컬 영화 장르로는 사상 처음으로 작품상과 여우주연상 등 총 8개 부문에 노미네이트되는 진기록을 세웠고, 이 중 미술상과 의상상을 거머쥐며 21세기 뮤지컬 영화 장르의 새로운 지평을 열었다는 찬사를 받았다.

드라마틱하고 섬세한 OST가 돋보이는 뮤지컬 영화

영화의 삽입곡 중에 크리스티나 아길레라, 릴 킴, 핑크, 마야가 보컬 그룹 'Labelle'의 곡을 리메이크한 'Lady Marmalade'는 엄청난 인기를 끌며 '빌보드 Hot 100'에서 무려 5주 연속 1위를 하여 리메이크곡이 원곡보다 더 유명해지는 기이한 현상이 발생하기도 했다. 특히 이 영화의 드라마틱하면서 섬세한 OST는 피겨 스케이팅 곡으로 자주 쓰인다. 탱고음악 'Tanguera'를 편곡한 '록산느의 탱고'는 김연아의 2006~07 시즌 쇼트 프로그램 곡으로 쓰였고 이 곡으로 김연아는 세계 신기록을 세우면서 '2007 세계 선수권' 쇼트 1위를 차지했다.

바즈 루어만 감독은 영화의 시대적 배경에는 최대한 충실하되 관람하는 21세기 관객의 시각에서 영화를 재구성하는 것으로 유명하다. 그는 재구성의 방법으로 어울리지 않는 것의 절묘한 조합인 '믹스 앤 매치' 스타일을 사용하여 19세기와 20세기, 그리고 21세기를 종합 구성했다. 〈물랑 루즈〉는 오페라 〈라 보엠〉과 〈라 트라비아타〉, 〈지옥의 오르페우스〉에서 영감을 받은 오페라적인 영화지만 영화 속 음악은 고전 뮤지컬과 클래식뿐 아니라 비틀즈, 퀸과 스팅, 마돈나, 엘튼 존에 이르는 팝 뮤지션의 음악까지 다양한 장르를 뒤섞었다. 보헤미안과 아르누보, 인도영화에서 영감을 받은 오리엔탈리즘이 오묘하게 공존하는 영화의 의상 역시 현대적 시각을 더해 믹스 매치했다.

역사적 해석과 현대적 시각을 매력적으로 조합한 의상

이 영화에서 의상을 맡은 바즈 루어만 감독의 아내 캐서린 마틴 Catherine Martin은 제74회 아카데미 시상식에서 미술상과 의상상을 동시에 수상했다. 영화 〈바람과 함께 사라지다〉로 영화 의상에 관심을 가지기 시작했다는 캐서린 마틴은 남편 바즈 루어만 감독과 맥을 같이해 역사적 해석과 현대적 시각을 매력적으로 믹스함으로써 역사적인 사실에만 한정시키지 않은 코스튬을 디자인하는 것으로 유명하다. 그의 〈물랑 루즈〉 의상은 S자형 스타일이 유행했던 1890~1900년대의 과시적이면서 화려한 의상에 현대적인 감각을 더한 결과물이었다. 남성복 역시 화려한 실크 모자와 스리피스 정장으로 완성된 완벽한 슈트 룩으로 춤과 음악에 빠져드는 물랑 루즈의 매혹을 보여주었다. 캐서린 마틴 의상감독은 캐릭터 의상의 콘셉트에 따른 의상의 주제와 색상을 제시했고 이에 따라 의상 디자이너 앵거스 스트레이티Angus Strathie가 마틴의 아이디어를 해석하여 디자인을 개발했다. 디자이너 앵거스 스트레이티를 비롯한 의상 제작자, 재단사, 구두 제작자, 모자 제작자, 가발 제작자들로 구성된 40명의 호주 의상 팀이 450여 벌의 〈물랑 루즈〉 의상을 제작했다. 그 외 18명의 남자무용수와 70명의 댄서를 위한 나머지 350여 점의 의상은 무대의상 보관소에서 대여했다.

19세기 말의 현재를 즐기려는 사회 분위기는 의상에도 그대로 나타났다. 퇴폐 향락적 이미지와 성의 자유로운 표현을 나타내는 분위기의 이들 복식은 저항, 일탈과 부조화의 특징을 가졌다. 댄스홀과 클럽에서는 속옷이나 신체의 부분을 노출하는 의상 형태가 많이 등장했다. 파리 사교계의 정점인 '물랑 루즈'를 보여주기 위해서 캐서린 마틴은 특히 주인공 샤틴과 캉캉 무희들의 의상을 중시했다. 샤틴은 일상복으로는 1890년대의 버슬 스타일을 벗어 던진 S자형 스타일로 가슴과 엉덩이를 돌출시킨 날씬한 실루엣의 의상을 입었지만, 무대에서는 화려하고 선정적인 코르셋 스타일의 의상을 착용했다.

당시 물랑 루즈에서 공연한 무희들은 니트로 짠 실용적인 보디슈트(윗도리와 바지가 붙은 옷)를 입었다. 그러나 마틴은 이런 의상 스타일이 결코 사람을 유혹할 수 있는 패션이 아니라며 무희의 의상으로 관능의 기준을 재해석한 의상을 제시했다. 특히 샤틴이 무대에 처음 등장할 때 입은 실버 스팽글이 달린 코르셋 스타일의 보디 슈트가 그렇다. 그물 스타킹, 정장용 남성 모자인 톱 해트, 검정 실크장갑으로 코디네이션한 코르셋 의상은 관능성에 크게 무게를 둔 의상이다.

모든 사람이 공감하는 섹시한 의상의 공식은
단순한 형태+드라마틱한 색상

마틴은 모든 사람이 공감할 수 있는 샤틴의 섹시미를 위해 1930~50년대의 관능적 여배우인 마릴린 먼로Marilyn Monroe, 그레타 가르보Greta Garbo, 마를렌 디트리히Marlene Dietrich, 조안 크로포드Joan

◎ 현대적인 속옷 패션쇼를 연상하게 하는 샤틴의 시스루 코르셋 패션

◎ 원색의 보색 대비를 이루고 화려한 무늬의 소재로 만들어진 여러 겹의 캉캉 의상

◎ 니콜 키드먼이 처음 무대에 등장할 때 입은 실버 시퀸이 빼곡히 달린 코르셋 스타일의 보디슈트는 강렬한 관능적 분위기로 관객을 사로잡았다.

Crawford의 영화 의상을 연구했다. 여기서 마틴이 깨달은 섹시미 넘치는 의상의 조건은 형태는 단순하고 색상은 드라마틱한 것이었다. 이렇게 탄생한 것이 할리우드 영화에서 가장 손꼽히는 드레스 중 하나가 된 샤틴의 빨강 드레스다. 이 빨강 버슬 드레스는 이 영화에서 가장 극적인 의상이다. 광택 나는 실크 새틴 소재로 지어져 바닥까지 끌리는 빨강 드레스는 가슴선이 많이 드러나고 힙에 리본까지 달아 사랑에 대한 열정과 적극적으로 유혹하는 이미지를 한껏 드러냈다. V자 형태 네크라인의 실크 새틴 재질 보디스는 14조각으로 잘게 커팅되어 샤틴의 몸을 더욱 날씬하게 조여주는 효과를 냈다. 또 뒤쪽에서 끈을 묶도록 되어 있어 섹시미를 더하고, 리본으로 버슬의 효과를 주어 S라인 몸매를 강조했다. 검은색 폴리에스터와 실크 새틴으로 안감 처리된 스커트는 일곱 조각으로 나누어 구성되었는데 뒤쪽 스커트 패널이 앞쪽보다 훨씬 길게 내려와서 트레인의 역할을 해 극적인 효과를 주었다. 팔뚝까지 오는 검정 장갑은 작은 부분이지만 샤틴을 한층 더 아름답게 보이는 역할을 톡톡히 했다. 키드먼은 이 장면에서 '이 옷을 입은 내가 어떻게 보이나요?'라고 물어본다. 마치 관중들에게 묻는 질문 같다. 반짝거리는 메탈 느낌을 주는 빨강 실크 새틴 드레스는 불빛에 따라 매력적인 다른 톤을 연출했다.

매춘부를 그린 로트레크의 의상에서 영감 받은 캉캉 의상

마틴은 캉캉 의상에도 신경을 아주 많이 썼다. 캉캉 의상은 19세기 화가 앙리 드 툴루즈 로트레크Henri de Toulouse Lautrec의 유화에서 기본적인 영감을 받았다. 툴루즈 로트레크(1864~1901)는 매춘부들을 피사체로 그림 속에 담았던 화가다. 19세기 말, 리얼리즘이 유행하면서 많은 예술가들의 작품에 매춘부가 모델로 등장했다.

◎ 영화에서 가장 드라마틱하게 샤틴의 매력을 보여주는 S라인의 빨강 드레스

◎ 사랑에 대한 열정과 유혹적인 이미지를 주는 광택 나는 실크 새틴에 바닥까지 내려간 빨강 드레스는 할리우드 영화에서 가장 손꼽히는 드레스 중 하나다.

◎ 오리엔탈리즘에 많은 영향을 받은 로트레크의 그림에 영감을 받아 샤틴을 비롯한 출연자들은 화려한 인도풍 의상을 입었다.

◎ 섹시하고 쇼킹한 보색 대비와 원색을 활용한 디자인의 드레스를 입은 캉캉 댄서들

이런 풍토에서 로트레크는 다른 예술가들과는 달리 성적 호기심이나 사회 비판적인 메시지 대신 아무런 편견 없이 매춘부들의 인간적인 모습을 진실하게 그렸다. 리얼리즘 사조의 대표 화가인 그는 퇴폐화가라는 오명을 뒤집어쓰면서도 그들을 하나의 직업여성으로서 화폭에 담았다. 13년간 '물랑 루즈'에서 기거하면서 작업했던 로트레크는 1890년과 1896년 사이에 '물랑 루즈에서의 춤', '물랑 루즈에서' 등 물랑 루즈를 소재로 30점 이상의 그림을 제작했는데 그림 속 캉캉 댄서들은 야성적이고 쾌락적이며 관능적이면서도 인간적인 모습으로 묘사되었다. 로트레크가 화폭에 담은 무희들의 의상은 오리엔탈리즘에 많은 영향을 받았다. 무희들은 힌두사원을 배경으로 연두, 노랑, 핑크 등 화려한 인도풍 의상을 입고 있다.

마틴은 로트레크의 회화를 기본으로 정한 후, 프랑스 가정부, 학생, 매춘부, 성도착자, 아기인형 등의 의상에서 얻은 아이디어를 보태 좀 더 섹시하고 쇼킹한 캉캉 의상을 제작했다. 의상의 안팎은 빈틈없는 레이스와 겹겹의 프릴로 장식했고 무희들의 정열적이고 대담하면서도 활동적인 느낌을 위해 빨강과 녹색 같은 보색대비를 적극 활용하기도 했다.

19세기 말 남성복은 어둡고 차분한 색상이 강세

19세기 말 남성복은 밝고 화려한 색상이 사라지고 차분한 색상으로 정착되고 있었다. 신사복에서 가장 중요시된 점은 침착함이었기 때문에 색상은 검정 등 어두운 색으로 한정됐다. 영화의 부르주아를 대표하는 공작 듀크(리차드 록스버그Richard Roxburgh)의 의상과 물랑 루즈 주인 지들러(짐 브로드벤트Jim Broadbent)의 의상은 19세기 말 검은색 일색이었던 남성 복식의 특징을 그대로 보여주었

◎ 니콜 키드먼이 착용한 100만 달러를 호가하는 134캐럿 다이아몬드 목걸이는 영화 역사상 가장 비싼 보석으로 꼽힌다.

◎ 크리스티앙은 편안한 면 셔츠에 품이 넓은 니트를 주로 입었다.

◎ 듀크 공작의 의상은 19세기 말 검은색 일색이었던 남성 복식의 특징을 그대로 보여준다.

다. 보헤미안을 상징하는 남자 주인공 크리스티앙의 의상은 영화 속에 나오는 의상 중에 가장 단순하다. 화이트, 그레이, 브라운 등 클래식한 이미지의 색상이 사용되었고 편안한 면 셔츠에 품이 넓은 니트를 주로 입었다.

영화에서 니콜 키드먼이 착용한 100만 달러를 호가하는 134캐럿 다이아몬드 목걸이는 영화 역사상 가장 비싼 보석으로 꼽힌다. 1800년대 프랑스 절충주의에서 착안해 호주 보석공예가 스테파노 센추리Stefano Century가 니콜 키드먼을 위해 특별히 제작했다.

<물랑 루즈>에서 선보인 뷔스티에와 S자형 스타일 디자인은 이듬해 입생 로랑Yves Saint Laurent과 발렌시아가Balenciaga, 크리스찬 디올 Christian Dior 패션쇼에서 선보이며 그해 패션 트렌드를 주도했고 스트리트 패션에서도 큰 인기를 끌었다.

"우리 삶에서 가장 위대한 일은 누군가를 사랑하고 또 사랑 받는 일이다."

용어해설

BDSM
인간의 성적 기호 중에서 가학적 성향을 통틀어서 말한다.
B:Bondage(본디지), D:Discipline(디스프린) S:Sadism(사디즘), M:Masochism(마조히즘)
BDSM은 지배와 복종, 롤 플레잉, 감금, 기타 인간 상호 작용을 포함하는 다양한 성적 활동을 의미한다. 보통 커플 간에 생기는 일반적인 권력 중립 관계와 달리, SM, BD 안에서의 활동과 상호 관계는 참여자들이 상보적이지만 불평등한 역할을 맡는 것을 특징으로 한다. 따라서 양쪽 파트너 모두의 명확한 동의라는 개념이 필수적이다.

개릭 코트(garrick coat)
약 18세기 말에 나타난 케이프가 겹치고 라펠이 있는 폭이 넓고 기장이 긴 남성용 코트이다.

그래미상(Grammy Award)
전 세계 음악계에서 가장 권위 있는 상. 빌보드 어워드·아메리칸 뮤직 어워드와 함께 미국의 3대 음악 시상식 중 하나이며, 영화의 아카데미상, TV의 에미상, 무대공연의 토니상과 함께 예술 분야에서 가장 유명하고 영향력 있는 상이다. 미국 예술과학 아카데미에서 주관하며, 팝에서 클래식에 이르기까지 모든 장르의 음악을 대상으로 심사한다.

그레이트 코트(great coat)
그레이트는 '큰·위대한'이라는 의미로, 모피의 안감 등을 붙여 무게 있고 호화스런 감각을 특징으로 한 방한코트의 총칭이다. 영국에서는 두꺼운 천의 커다란 외투라는 의미로 사용된다.

글래머 룩(glamour look)
글래머는 글래머러스(매력에 충만한, 매혹적인)의 약어로, 마술을 건 듯 신비롭고 유혹적인 매력을 뜻한다. 1940년대부터 1960년대 초반까지 할리우드 영화에서 볼 수 있었던 글래머 여배우(마릴린 먼로 등)의 섹시하고 여성다운 패션으로 잘록한 허리와 풍만한 가슴을 강조한 옷차림이다.

글램 록(glam rock)
글램 록은 록의 일종으로, 영국에서 1970년대 초반에 등장한 음악 형식이다. 글램 록 밴드의 가수와 연주자는 아주 별나게 옷을 입고, 화장을 하며, 머리 모양을 꾸민다. 특히 이들은 밑창이 나무나 코르크로 된 단단한 부츠를 신고 반짝이 옷을 입는다. 글램 록 멤버들의 화려한 의상과 스타일은 종종 동성애적이거나 양성애적이며, 때로는 젠더 역할을 새롭게 보는 시각과 연결된다.

드레드락(dread lock)
여러 가닥으로 땋은 머리모양을 의미하는 용어. 1950년대에 자메이카의 가난한 흑인들 사이에서 일어난 라스타파리 운동과 함께 영어문화권에 편입되었다. 라스타파리 운동의 취지는 머리카락을 자르지 않는 것이었다. 그래서 당시에는 긴 머리카락을 헝클어뜨리거나 로프처럼 땋아서 늘어뜨리거나 둥그렇게 감아 다녔다. 이러한 머리모양을 한 사람은 '자(jah)'라고 하는 신에 대한 공포(dread)와 두려움 속에 살았다. 이런 배경에서 '드레드락'이라는 헤어스타일 용어가 유래되었다.

라이크라(lycra)
미국의 듀폰사가 만든 스판덱스 원단의 상

표명으로 스포츠웨어에 많이 쓰인다. 신축성이 좋고 착용감이 좋아 신체활동이 자유롭고, 탄력성과 회복력이 좋아 여러 번 착용하고 세탁한 후에도 모양이 유지된다.

레그 오브 머튼 슬리브 (leg of mutton sleeve)

퍼프 슬리브처럼 위쪽은 부풀고 차차 좁아져 소맷부리에서는 꼭 맞게 된 소매. 마치 양의 다리와 흡사하다고 해서 붙여진 명칭이다.

레이디 라이크 룩 (lady like look)

여성스러운 실루엣을 살린 우아하고 기품 있어 보이는 룩. 1950년대 풍으로 허리를 잘록하게 조이거나, 플레어 스커트 등으로 여성미를 강조하고, 몸의 곡선을 잘 살린 클래식 스타일을 말한다.

르댕고트 (redingote)

허리가 조여진 코트의 총칭. 영어의 라이딩 코트(riding coat)가 프랑스어식으로 변화한 것으로, 원래는 승마 코트에서 나온 말이다. 주로 상반신이 꼭 맞고 아랫단 퍼짐이 있는 여성 코트를 말하지만 남성 코트에 쓰이기도 한다.

메탈릭 (metallic)

금속(제)의

모즈 룩 (mods look)

mods란 moderns의 약자로 '현대인, 사상이나 취미가 새로운 사람'을 의미하고, 모즈 룩은 모즈들의 옷차림을 일컫는다. 1966년경 런던 카나비 스트리트를 중심으로 나타난 비트족 계보에 속하는 젊은 세대를 모즈라 한다. 기성세대의 가치관과 기존의 관습에 대한 자신들의 반항을 의복으로 표현하고자 한 이들은 초기에는 그래니 부츠(granny boots), 에드워드 슈츠(Edwardian suits), 발목길이의 스커드 등의 차림새를 하였으나 나중에는 히피의 영향을 받은 비틀즈와 같이 꽃무늬나 물방울 무늬가 현란한 셔츠와 넥타이, 아래로 갈수록 폭이 넓어지는 바지, 장발 등의 복장으로 화제를 모았다. 영국의 디자이너 메리퀸트는 풍부한 상상력과 인습에 얽매이지 않는 디자인에 모즈 룩을 결합하여 여성복을 다양하게 표현하였다.

몹톱 (mop tops)

비틀즈의 유행과 동시에 1960년대와 1970년대를 관통하며 전 세계적으로 유행했던 클래식 남성 헤어커트 스타일. 우리나라에서도 1980년대까지 오랫동안 사랑받았다. 일명 바가지머리로 짧은 머리 길이와 대조적으로 자연스럽고 자유로운 스타일이다.

믹스 앤 매치 (mix and match)

이질적인 색상이나 디자인의 옷을 섞어서 입는 방식이다.

보디스 (bodice)

드레스의 상체 부분을 일컫는다.

백콤 (backcomb)

머리카락 끝에서 두피 방향으로 하는 빗질. 일반적으로 하는 빗질의 반대 방향으로 하는 빗질로, 머리털을 부풀려 볼륨을 주기 위해 사용한다.

벨 에포크 (la belle époque)

프랑스어로 '좋은 시대'라는 뜻이며, 일시적으로 지난 과거의 좋았던 시절을 말한다. 패션에서는 제1차 세계대전 전 평화로운 때에 러시아발레단의 파리 공연을 계기로 일어난 동양풍의 신비스러움과 화려함을 표현한 시대를 말한다. 이 무렵은 패션디자이너 폴 푸아레(Paul Poiret)와 마들레느 비오네(Madeleine Vionnet)가 활약했으며, S자형의 아르 누보 스타일이나 깁슨 걸 스타일, 호블 스커트 등을 볼 수 있었던 시대였다.

보닛(bonnet)
뒤에서부터 머리 전체를 싸듯이 가리고 얼굴과 이마만 드러낸 여성용 모자. 크라운이 부드럽게 처리되어 있으며, 힌디어인 'banat'에서 유래되었다.

브로그 슈즈(brogue shoes)
가죽에 구멍 뚫린 장식, 날개무늬 사선 장식, 박음 장식, 개더 빼기 장식 등 여러 가지 장식으로 만든 중후한 옥스퍼드 스타일 슈즈를 말한다.

비니(beanie)
여러 개의 삼각 천인 고어(gore)로 되어 있으며, 머리에 꼭 맞게 만든 챙이 없는 여성용 모자이다. 또는 미국의 신입생용 학생 모자를 일컫는데 어린이들, 특히 신입생들이 착용한다. 딩크(dink), 딩키(dinky)라고 부르기도 한다.

비틀 부츠(beatle boots)
앞코가 뾰족한 발목 길이의 목이 긴 남성용 부츠로 발목 부분에 절개를 넣고 고무와 같은 신축성 있는 소재를 대어 신고 벗기 편리하게 만들었다. 1960년대 모즈 룩을 추구한 비틀즈는 특히 앞코가 뾰족하고 굽이 있는 신발을 즐겨 신었는데, 이를 비틀 부츠라고 불렀다.

빌보드(billboard)
미국의 음악 순위 차트. 댄스, 리듬앤블루스(R&B), 컨트리뮤직, 클래식, 재즈, 크로스오버, 월드뮤직 등을 중심으로 35개 정도의 장르별 차트와 부속차트로 세분화되어 있다. 크게는 싱글 차트와 앨범 차트로 구분한다.

슈미즈 드레스(chemise dress)
허리 부분이 여유 있는 직선형의 드레스. 전체적으로 헐렁한 원피스 형태로 주로 흰색의 리넨으로 만든 18세기의 여성의 속옷을 '슈미즈'라 하였다. 이 용어는 1780년대에 와서 이전까지 여성의 주류 복장이었던 허리에 꼭 맞는 스타일과 구분하기 위해 겉옷을 묘사하는 단어로 사용되었다.

스웨이드(suede)
새끼 양이나 새끼 소 따위의 가죽 뒷면을 보드랍게 보풀린 가죽, 또는 그것을 모방하여 짠 직물. 벨벳처럼 처리한 가죽으로 타닌산이라든가 의산 알데히드로 탈지가공하고 안을 숫돌 수레로 문질러 솜털을 세운 것이다. 새끼염소 가죽뿐만 아니라 송아지가죽을 사용하며, 백·구두·장갑·재킷 등에 활용한다.

신고전주의(Néo-Classicisme)
18세기 후반에서 19세기 초에 걸쳐 건축, 조각, 회화, 공예의 각 장르에 걸쳐 서구 전체를 풍미한 예술양식. 고전, 고대(그리스·로마)의 부활을 목표로, 합리주의적 미학에 바탕을 두고 고고학적 정확성에 강한 관심을 가진다.

야구 저지(baseball jersey)
야구 유니폼. 야구 선수들이 입는 특별한 종류의 의복으로 대부분 그들의 직업이 야구에 관련되어 있다는 것을 보여주기 위해 입는다. 야구 유니폼은 대개 뒷부분에 선수의 이름과 번호가 적혀 있어 각 선수를 구별하게 해준다.

엠파이어 드레스(empire dress)
19세기 초의 엠파이어 실루엣을 응용한 스타일. 하이 웨이스트에서 가볍게 조여 도련으로 향할수록 스트레이트로 된 엠파이어 실루엣 드레스를 말한다.

연미복(swallow-tailed coat)

남자용 예복. 테일 코트·이브닝 재킷. 원래는 뒷길의 도련이 제비 꼬리처럼 두 갈래로 갈라진 남자용 코트나 웃옷을 가리키는 말이었으나, 오늘날에는 의식·야회·극장관람 등에 착용하는 남자의 가장 정식 성장을 말한다. 코트의 아래 도련을 앞쪽에서 어슷하게 잘라낸 형의 옷으로, 이런 종류의 연미복의 원형은 프랑스혁명 직후인 1790년에 등장했다. 조끼를 웨이스트 선까지로 짧게 하고 앞면에서 여밈 끝을 갸름하게 개방한 특색이 있었다. 현대에 착용하는 연미복, 즉 이브닝 재킷은 1850년경부터 등장하였다. 천은 검정이나 짙은 감색의 메이요·파라사·우스팃 등을 사용하며, 깃은 칼깃이나 숄칼라로 하여 실크천으로 싼다. 조끼는 원래 흰색이고 바지 양 옆에 측장(側章)이 있으며, 앞가슴에 주름이 달린 셔츠에 앞으로 꺾인 칼라를 달고 흰색 보타이를 매는 정장이다. 그 위에 실크 해트에 흰색 장갑, 검은색 옥스퍼드나 에나멜화를 착용한다.

오마주(hommage)

영화에서 존경의 표시로 다른 작품의 주요 장면이나 대사를 인용하는 것을 이르는 용어. 프랑스어로 존경, 경의를 뜻하는 말이다. 영화에서는 보통 후배 영화인이 선배 영화인의 기술적 재능이나 그 업적에 대한 공덕을 칭찬하여 기리면서 감명 깊은 주요대사나 장면을 본떠 표현하는 행위를 가리킨다.

자보(jabot)

18세기에 처음 생겼으며, 남자용 와이셔츠 앞자락에 장식으로 쓰였다. 소재는 리넨이며 거기에 주름을 잡아 계단 모양으로 접어 넓게 열린 조끼 사이로 들여다보이게 입었다. 19세기 중반까지는 남자용 셔츠에 주로 달았으나 그 후 점차 여자 옷의 장식용이 되어 여성복이나 아동복의 가슴에 다는 레이스로 만든 주름 장식으로 통용되었다.

잔드라 로즈(Zandra Rhodes)

잔드라 로즈(1940.9.19.~)는 독창적인 텍스타일을 기반으로 자신만의 패션 세계를 구축해온 영국의 패션 디자이너이다.

점프슈트(jump suit)

셔츠와 바지가 원피스 형태로 붙어 있으며 앞 중앙선을 단추나 지퍼 등으로 여미는 옷. 제2차 세계대전 중 낙하산 부대나 비행사들이 옷을 빨리 갈아입기 위해 사용하였으며, 영국의 첫 번째 수상인 윈스턴 처칠(Winston Churchill) 당시의 사이렌 슈트(siren suit)와 같이 공중 습격 시, 시민들이 착용하였다. 기계공, 자동차 경주자, 스키 선수, 우주 항공사가 입는 옷과 유사하다.

제리컬(Jheri curl)

1980년대의 흑인 머리처럼 짧고 곱슬거리는 머리 모양. 커트 후에 광택이 나게 헤어 제품을 발라 준다.

쥐스토코르(justaucorps)

몸에 꼭 끼며 옷 아래가 약간 벌어지는 남성용 긴 의복. 원래는 군복으로 입었으나 1670년 이후 민간인이 입는 옷이 되었다.

첼시부츠(chelsea boots)

영국 빅토리아 시대(1837~1901) 때 착용하던 발목까지 오는 꼭 끼는 승마용 부츠로 굽이 보통 것보다 높은 편이며 옆선에 신축성 있는 고무 소재를 붙여 넣은 디자인이다. 1960년대부터 인기를 얻어 일반적으로 착용하게 되었다.

커프스(cuffs)

셔츠나 블라우스의 소매 끝에 다는 장식. 옷의 분위기에 따라 여러 종류의 커프스가 있다. 커프스에 다는 단추는 커프스버튼 또는 소매단추라고 한다.

퀼로트(culottes)

일반적으로는 여성용의 스커트형 팬츠(퀼로트 스커트)로 알려져 있는데, 본래는 17세기 말부터 18세기 말까지 귀족들이 즐겨 입은 무릎 기장의 반바지를 가리킨다. 허리 둘레는 느슨하고 단으로 향할수록 가늘어지며, 단은 가느다란 밴드 등으로 여며서 다리에 꼭 맞게 된 것이다. 그때까지의 쇼스(가랑이가 무릎까지 내려오도록 짧게 만든 홀바지인 '잠방이'와 비슷한 바지)를 대신하여 나타났다. 이러한 상류 계급의 습관이 사라진 데는 1789년에 일어난 프랑스혁명이 계기가 되었는데, 혁명당원들은 귀족의 상징인 퀼로트를 거부하는 의미로 긴바지를 착용한 데서 '상 퀼로트'라고 불렸다.

크롭 티(cropped Tee)

크롭(crop:배어내다/잘라내다)과 티셔츠(tee shirt)의 합성어로, 아래선이 잘린 듯 약간 짧은 형태의 티셔츠를 말한다.

크롭 팬츠(cropped pants)

무릎 아래에서 여러 가지 길이로 잘라 낸 짧은 바지. 7부, 8부, 9부 등의 길이가 있다.

키치 패션(kitch fashion)

키치(Kitch)란 독일어로 '저속한 것'을 뜻하는 말이었으나 현대에는 중요한 미학적 가치의 하나다. '정통에 대한 이단, 진짜에 대한 가짜'를 의미하기도 하는데, 천박하게 장식하거나, 악취미의 대표적인 것으로 통용되는 단어이다. 키치 패션의 특성은 고상한 취미보다는 저속한 취미에 기반을 두고 전통적 미적 질서를 벗어나 몰형식, 부조화, 불균형의 미를 추구하는 데 있다.

탱크셔츠(tank shirt)

'탱크 톱'과 같은 뜻. 러닝 셔츠형의 컬러풀한 니트 셔츠. 스트랩 숄더와 타이트 피트가 특징인 점은 러닝 셔츠와 비슷하지만, 다른 것은 패셔너블한 색·무늬를 사용하고 그것을 아우터 웨어로 착용한다는 점이다.

턱시도 재킷(tuxedo jacket)

연미복 대용으로 남성들이 밤에 착용하는 약식 예장이다. 기본 스타일은 싱글 브레스티드(single breasted)에 숄 칼라, 한 개의 단추로 되어 있다. 19세기 말 미국 뉴욕주 턱시도 공원의 컨트리클럽 멤버가 착용한 데서 이름 붙여졌다.

테디 보이 스타일(teddy boy's style)

1950년대의 하류층 젊은이들이 에드워드 7세 시기의 복식양식을 과장하여 모방한 스타일. 1950년대 중·후반에 대두한 청소년 하위 문화로 1901~10년, 에드워드 7세 통치기의 패션을 모방한 것이 특징이다. 에드워드 7세의 애칭인 '테디(Teddy)'에서 명칭이 유래하였다. 제2차 세계대전 이후 하류층의 청소년들은 고등학교 졸업 이후 추가적인 교육을 받지 못하고 산업 활동에 종사하였으며, 대신 경제력을 바탕으로 에드워드 7세 시기에 입었던 새빌 거리(Savile row)의 고급 맞춤복 스타일을 추구하였다. 이는 상류층에 대한 열망의 표현인 동시에 사회적 지위에서 비롯된 심리적 위축과 불안, 엘리트 층에 대한 반항을 표현하는 방식이었다. 테이퍼드 바지, 벨벳 칼라가 있는 긴 싱글 브레스티드 재킷, 웨이스트코트(베스트), 신발 끈과 같이 가느다란 부츠레이스(bootlace) 넥타이, 헤어 스프레이를 과도하게 사용하여 옆은 빗어 넘기고 앞은 세운 헤어스타일이 특징이다.

톱 해트(top hat)

실크 해트. 크라운이 아주 높은 하이 해트를 말한다.

트랙 재킷(track jacket)

커프스와 허리에 고무줄 밴드가 있는 가벼

운 재킷. 원래는 조깅이나 운동을 할 때 착용하는 바람막이 역할을 했으나 현재는 운동복뿐 아니라 아우터 재킷으로도 많이 활용된다.

파니에(panier)
본래는 '바구니'라는 뜻으로, 스커트를 부풀리기 위한 허리받이 형식의 속치마이다. 마치 등바구니를 스커트의 좌우에 넣은 것처럼 보이기 때문에 이런 명칭이 붙었다. 18세기(로코코 시대)의 여성들이 이용했던 것으로 기본적으로는 철사나 고래수염, 등나무 등으로 테를 만들고 허리에 끈을 묶어 여미는 방식인데, 페티코트에 고래수염 등의 후프를 꿰매 붙인 것도 많았다. 18세기 말에 재차 버슬이 유행할 때까지 이용되었다. 현재는 빳빳한 소재 등으로 만들어진 스커트를 벌리게 하기 위한 속치마를 파니에라고 부르며, 웨딩 드레스 등의 의상 속에 입는다.

페이즐리 무늬(paisley pattern)
인도의 카슈미르(Kashmir) 지방에서 발생하여 영국의 스코틀랜드를 거쳐 세계적으로 널리 보급된 디자인으로서, 신라 시대 곡옥(曲玉) 모양의 무늬를 중심으로 작은 꽃이나 당초 무늬를 배열하여 무늬를 구성한 것을 일컫기도 한다. 여러 색깔의 날염용 무늬로 이용되고 있다.

포켓치프(pocketchief)
포켓 행커치프의 약칭. 슈트의 가슴 포켓에 치장하는 손수건을 가리킨다. '포켓 스퀘어'라고도 한다.

프린지(fringe)
'술 장식'. 스톨이나 케이프 끝에 털실로 방울과 같은 모양으로 단다. 올을 빼거나 가죽에 절개를 넣어 만드는 경우도 있다.

플란넬(flannel)
대개 보풀을 일으킨 실을 사용하여 평직이나 능직으로 짠 직물. 플란넬은 보풀로 인해 직물에 공기층이 형성되기 때문에 상당한 보온성을 갖고 있다. 인조사를 합성하면 마모에 대한 내구력이 증가되어 직물의 수명이 연장된다.

플랫폼 슈즈(platform shoes)
힐뿐만 아니라 밑창 전체를 높게 한 구두를 말한다. 옷단이 넓은 플레어드 팬츠를 착용하면 구두가 가려져서 외견상 다리 길이가 강조되는 효과가 있다.

후드 티셔츠(hood T-shirt)
머리 부분을 덮는 쓰개가 달린 티셔츠이다.

참고문헌

고영탁, 『비틀스』, 살림, 2006

그레그 브룩스, 사이먼 럽턴, 문신원 옮김, 『퀸의 리드 싱어 프레디 머큐리: 낯선 세상에 서서
　　보헤미안 랩소디를 노래하다』, 뮤진트리, 2009

김민자 외, 『서양패션 멀티 콘텐츠』, 교문사, 2010

김성중, 「워즈워스, 베토벤, 아도르노 : 저항의 예술」, 『19세기 영어권 문학』, 제15권 1호,
　　2011

김세광 외, 『팝 게릴라 레이디 가가: 레이디 가가를 보는 기독교의 또 다른 시각』,
　　예영커뮤니케이션, 2012

김영옥 외, 『서양 복식문화의 현대적 이해』, 경춘사, 2013

김지영, 송명진, 「영화 아마데우스에 나타난 로코코 복식의 재현에 관한 연구」,
　　디자인포럼21

김지영, 『이상의 시대 반항의 음악』, 문예마당, 1995

나성인, 『베토벤 아홉 개의 교향곡: 자유와 환희를 노래하다』, 한길사, 2018

데이비드 버클리, 장호연 옮김, 『엘튼 존Elton John』, 뮤진트리, 2016

라이 토마스, 숀 오헤이건, 공경희 옮김, 『프레디 머큐리: 보헤미안 랩소디를 외친 퀸의
　　심장을 엿보다』, 미르북 컴퍼니, 2019

문학수, 『더 클래식 하나: 바흐에서 베토벤까지』, 돌베개, 2014

밥 스탠리, 배순탁 외 옮김, 『모던 팝 스토리: 1950년부터 2000년까지 모던 팝을 이끈
　　결정적 순간들』, 북라이프, 2016

배천범 외, 『현대패션 100년』, 교문사, 2006

빅토리아 윌리엄슨, 노승림 옮김, 『음악이 흐르는 동안, 당신은 음악이다』, 바다출판사, 2019

사이먼 크리츨리, 조동섭 옮김, 『데이비드 보위: 그의 영향』, 클레마지크, 2017

서동진, 『록 젊음의 반란』, 새길, 1993

스티븐 S. 스트라튼, 박성은 옮김, 『니콜로 파가니니의 삶과 예술』, 아르드, 2019

신현준, 『록 음악의 아홉 가지 갈래들』, 문학과지성사, 1997

안재필, 『세기의 사랑 이야기』, 살림, 2004

알랭 디스테르, 성기완 옮김, 『록의 시대』, 시공사, 1996

앤 에드워드, 김선형 옮김, 『마리아 칼라스: 내밀한 열정의 고백』, 해냄, 2005

에미넴, 김봉현 옮김, 『에미넴』, 1984, 2017

이채훈, 『모차르트와 베토벤: 클래식 400년의 산책 2』, 호미, 2017

임진모, 『시대를 빛낸 정상의 앨범』, 창공사, 1994

임진모, 『팝 리얼리즘 팝 아티스트』, 민미디어, 2002

임진모, 『세계를 흔든 대중음악의 명반』, 민미디어, 2003

장승용, 『음악가 파가니니, 미술과 영화에 빠지다』, 제이북스앤미디어, 2018

정흥숙, 『서양복식문화사』, 교문사, 1995

존 라이든, 정호영 옮김, 『섹스 피스톨즈 조니 로턴』, 노사과연, 2008

한경식, 『The Beatles Collection -비틀스의 음악세계: 전곡해설집』, 친구미디어, 2001
한경식, 『신화가 된 이름 The Beatles』, 더불어책, 2004
한경식, 『비틀즈 신화: 비틀스의 어린 시절부터 1964년 미국 진출 중심으로』, 모노폴리, 2017
한대수, 『영원한 록의 신화 비틀즈 VS 살아있는 포크의 전설 밥 딜런』, 숨비소리, 2005
헌터 데이비스, 이형주 옮김, 『비틀즈』, 북스캔, 2003.

Ahn, H. J, A study on the Modern Men's Formal Wear Design Applying the Costume of the Rococo Ages, Ewha Womans University, 1994
Ashelford, Jane, The Art of Dress, New York: Harry N. Abrams, Inc., 1996
Borowitz, Albert, Salieri and the 'Murder' of Mozart, The Legal Studies Forum 29, no. 2, 2005
Boucher, Francois, 20,000 years of fashion, New York: Harry N. Abrams, Inc., 1987
David Szatmary, A Time To Rock, Schirmer Books, 1987
de La Haye, Amy and Cathie Dingwall, Surfers, Soulies, Skin-heads, and Skaters: Street Styles from the Forties to the Nineties, Woodstock, N.Y.: Overlook Press, 1996
Hong, M. J, A, Comparison of the aesthetic qualities of British clothing in baroque and rococo period portraiture and in Neo-baroque and rococo fashion, Seoul National University, 2014
Hunter Davis, The Beatles, W.W. Northern & Company, 1996
Ian Inglis, The Beatles, Popular Music And Society: A Thousand Voices, MacMillan Press Ltd., 2000
Katherine Charlton, Rock Music Styles: A History, Brown & Benchmark, 1994
McDowell, Colin, Fashion Today, London: Phaidon, 2000
Melly, George, Revolt into Style: The Pop Arts, Doubleday and Company, 1971
Polhemus, Ted, Street Style: From Sidewalk to Catwalk, London: Thames and Hudson, Inc., 1994
Sims, Joshua, Rock Fashion, London: Omnibus Press, 1999
Steele, Valerie, Fifty Years of Fashion: New Look to Now, New Haven, Conn., and London: Yale University Press, 1997
The Beatles, The Beatles Anthology, Chronicle Books, 2000
Walter Everett, The Beatles As Musicians: Revolver Through The Anthology, Oxford University Press, 1999

위키백과 한국어판 ko.wikipedia.org
『패션전문자료사전』
『두산백과』
『패션큰사전』

패션, 음악영화를 노래하다

초판 1쇄 발행 2019년 12월 24일
    2쇄 발행 2021년 6월 15일

지은이 진경옥
펴낸이 강수걸
편집장 권경옥
편집 강나래 신지은 김리연
디자인 권문경 조은비
경영지원 공여진
펴낸곳 산지니
등록 2005년 2월 7일 제333-3370000251002005000001호
주소 부산시 해운대구 수영강변대로 140 BCC 613호
전화 051-504-7070 | 팩스 051-507-7543
홈페이지 www.sanzinibook.com
전자우편 sanzini@sanzinibook.com
블로그 http://sanzinibook.tistory.com

ISBN 978-89-6545-639-1 03590